湖南工业大学出版基金资助

点接触共轭曲面磨削齿轮加工

明兴祖　陈书涵　严宏志　著

科 学 出 版 社

北 京

内 容 简 介

本书系统阐述了点接触共轭曲面磨削齿轮的加工原理与方法,介绍了该领域内一些创新性研究成果。主要内容包括:螺旋锥齿轮、面齿轮的数控磨削原理与磨削基本参数,齿轮建模与磨削温度场,磨削齿面残余应力,点接触共轭曲面磨削齿面误差,磨削表面粗糙度,以及磨削表层性态实验分析与工艺优化等。

本书可作为高等院校机械制造及其自动化等专业研究生的教学用书,也可作为点接触共轭曲面磨削齿轮加工、质量控制与检测、工艺优化等领域工程技术人员和科研人员的参考书。

图书在版编目(CIP)数据

点接触共轭曲面磨削齿轮加工/明兴祖,陈书涵,严宏志著.—北京:科学出版社,2017.10
ISBN 978-7-03-054338-7

Ⅰ.①点⋯　Ⅱ.①明⋯ ②陈⋯ ③严⋯　Ⅲ.①点接触-齿轮加工　Ⅳ.①TG61

中国版本图书馆 CIP 数据核字(2017)第 215815 号

责任编辑:裴　育　纪四稳 / 责任校对:桂伟利
责任印制:吴兆东 / 封面设计:陈　敬

科 学 出 版 社 出版
北京东黄城根北街 16 号
邮政编码:100717
http://www.sciencep.com

北京中科印刷有限公司 印刷
科学出版社发行　各地新华书店经销
*
2017 年 10 月第　一　版　开本:720×1000　B5
2022 年 1 月第三次印刷　印张:12 3/4
字数:257 000
定价:88.00 元
(如有印装质量问题,我社负责调换)

前　言

　　点接触共轭曲面啮合的齿轮主要有螺旋锥齿轮和面齿轮两类。螺旋锥齿轮主要有弧齿锥齿轮、延伸外摆线锥齿轮和准双曲面齿轮等。与直齿锥齿轮相比，螺旋锥齿轮具有传动平稳、承载能力强、使用寿命长、传动比较大且变化等特点。面齿轮传动是一种圆柱齿轮与面齿轮相啮合的传动，具有重合度大、承载能力强、传动振动与噪声小、互换性高、传动比恒定、安装调试简易、结构紧凑且质量轻、动力分流效果好等特点。螺旋锥齿轮和面齿轮是实现空间相交或交错传动的关键件，广泛应用于交通运输、大型装备、航空航天、工程机械等领域。

　　点接触共轭曲面啮合的齿轮空间形状复杂，加工质量要求高，其精密加工方法一般采用磨削。20 世纪 60 年代开始，Gleason 公司的螺旋锥齿轮生产技术逐步发展完善，形成了一套成熟的 Gleason 设计与制造技术；我国中南大学曾韬教授于1999 年自主开发了面向螺旋锥齿轮制造的六轴五联动数控铣齿机 YK2212，于2002 年和 2004 年分别研制出七轴五联动数控磨齿机 YK2045 和 YK2050 等，于2008 年研制出当时世界上最大规格的螺旋锥齿轮磨齿机 H2000G，加速了我国螺旋锥齿轮磨削技术的发展。面齿轮的研究始于 20 世纪 40 年代，1992 年 Litvin 等建立了面齿轮磨削加工理论和磨削加工机构，1999 年美国 Boeing 公司与加拿大North Star 公司协作研制的面齿轮五轴磨床，可生产出精度达 AGMA 12 级的面齿轮；我国面齿轮传动研究始于 20 世纪 90 年代后期，主要研究单位有南京航空航天大学、北京航空航天大学、西北工业大学、中南大学、重庆大学和河南科技大学等，试制了面齿轮插齿机、滚齿机和磨齿机。与国外相比，我国面齿轮磨削技术还处于起步阶段。

　　作者从 2005 年开始进行点接触共轭曲面磨削齿轮加工的探索，通过 10 多项课题研究，发表了 40 多篇相关论文和专利成果，并结合长期讲授研究生课程所积累的教学经验，将相关内容系统总结于本书各章节中。全书共 6 章。第 1 章从齿轮共轭曲面原理与分类讲述螺旋锥齿轮、面齿轮的数控磨削原理与磨削基本参数。第 2 章介绍齿轮建模与磨削温度场。第 3~5 章分别讨论磨削齿面残余应力、磨削齿面误差和磨削表面粗糙度。第 6 章叙述齿轮磨削表层性态实验分析与工艺优化。本书由湖南工业大学明兴祖教授主笔，长沙理工大学陈书涵博士和中南大学严宏志教授对各章节内容进行了修改和完善。

　　在本书完成过程中得到孔祥晗、李飞、周静、李曼德、赵磊、王伟、高钦、肖磊、罗旦、龙誉、张小安、方曙光、王红阳等研究生的大力帮助，同时也得到中国南方航空工业(集团)有限公司工程技术部测量中心左华付高级工程师,中国航空动力机械研究所欧阳斌研究员级高级工程师、高红娜工程师,株洲齿轮有限责任公司文贵华高级工程师、潘晓东总经理,长沙斯瑞机械有限公司易享泽总经理等的大力支持,在此一并表示感谢。

　　本书得到以下基金项目的资助:国家 973 计划项目"高性能复杂曲面数字化精密加工新原理和新方法"(2005CB724104);国家自然科学基金面上项目"螺旋锥齿轮高速干切削机理及切削/刀具参数优化"(50975291),"基于使用性能驱动的面齿轮磨削表面多尺度创成原理与关键技术研究"(51375161),"基于全齿面分区修形的螺旋锥齿轮双重螺旋加工方法研究"(51575533);国家科技重大专项"高档数控机床与基础制造装备——汉川机床采用国产数控系统加工大型机床零件应用示范工程"(2012ZX04011-011);湖南省自然科学基金重点项目"航空叶片类弱刚性零件高效数控加工动力学建模、仿真与切削参数优化技术研究"(10JJ2040),湖南省自然科学基金项目"螺旋锥齿轮数控磨削机理及表面性能生成规律研究"(11JJ3055),"面齿轮高速准干切削机理及工艺优化研究"(2017JJ4023);湖南省高等学校科学研究重点项目"基于多物理场耦合的螺旋锥齿轮磨削表面质量与工艺优化研究"(11A028),湖南省高等学校科学研究项目"多轴数控机床切削(磨削)力温度机理与数字化建模"(07C235);湖南工业大学出版基金。

　　限于作者的水平和经验,书中难免有不足之处,恳请广大读者批评指正。

作　　者

2017 年 6 月

目　　录

第 1 章　共轭曲面磨削齿轮加工原理

1.1　齿轮共轭曲面原理与分类

1.1.1　齿轮共轭曲面原理

两个相互运动且保持相切接触（其接触形式可为点接触或线接触）的曲面互为共轭曲面。共轭曲面原理又称齿轮啮合原理，主要采用相对微分法和局部共轭理论，研究两个运动曲面的接触传动问题。通过啮合方程，采用相对微分法，以节点为参考点，根据完全共轭的两曲面瞬间啮合点的挠率与曲率关系，计算出参考点处的曲率、法矢和挠率等参数，以得到局部啮合的齿面[1]。

如图 1.1 所示，在两运动曲面 S_1、S_2 的接触传动中，其中一运动曲面 S_1 固连的运动坐标系为 $\Sigma_1(t)$，另一运动曲面 S_2 固连的运动坐标系为 $\Sigma_2(t)$，当曲面 S_1 和 S_2 在空间上某点 M 接触传动时，这两个运动曲面需在 M 点相切[1]。

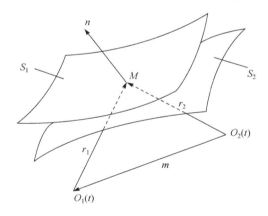

图 1.1　两运动曲面的接触传动关系

设在 M 点曲面 S_1 的单位法矢为 n_1，径矢为 r_1；曲面 S_2 的单位法矢为 n_2，径矢为 r_2。坐标系 $\Sigma_2(t)$ 的原点 $O_2(t)$ 至坐标系 $\Sigma_1(t)$ 的原点 $O_1(t)$ 的径矢为 m，则应满足如下基本方程组：

$$\begin{cases} r_2 = m + r_1 \\ n_2 = n_1 \end{cases} \tag{1.1}$$

设曲面 S_1 关于坐标系 $\Sigma_1(t)$ 的相对微分为 d_1，曲面 S_2 关于坐标系 $\Sigma_2(t)$ 的相对微分为 d_2，曲面 S_1 的角速度为 ω_1，曲面 S_2 的角速度为 ω_2，两曲面 S_1、S_2 上 M 点的相对速度为 v_{12}，则有

$$d_2 r_2 = d_1 r_1 + v_{12} dt \tag{1.2}$$

式 (1.2) 中，$d_1 r_1$ 和 $d_2 r_2$ 位于切平面内，且与 n 垂直，将式 (1.2) 两边与曲面的公法矢 n 作数积，则两运动曲面在接触位置处满足如下啮合方程：

$$v_{12} n = 0 \tag{1.3}$$

当两运动曲面在任意时间都按啮合方程在接触线上的某一点接触时，称它们为不完全共轭曲面（点接触共轭曲面）；当两运动曲面在任意时间都沿着啮合方程确定的曲线接触时，称它们为完全共轭曲面（线接触共轭曲面）。无论点接触共轭曲面还是线接触共轭曲面，在啮合位置处都满足方程 (1.1) 和 (1.3)。本书主要讨论点接触共轭曲面的螺旋锥齿轮和面齿轮磨削加工。

1.1.2　共轭曲面齿轮分类与特点

磨削加工中点接触共轭曲面的齿轮主要有螺旋锥齿轮和面齿轮两类。下面简单介绍螺旋锥齿轮和面齿轮的分类与特点。

1. 螺旋锥齿轮分类与特点

螺旋锥齿轮用来传递相交或偏置轴间的回转运动，可按多种方式分类。根据齿面节线不同，螺旋锥齿轮可分为弧齿锥齿轮、延伸外摆线锥齿轮；根据主、从动轮轴线之间的相互位置不同，螺旋锥齿轮可分为正交锥齿轮、偏置锥齿轮（准双曲面齿轮）；按齿制不同，螺旋锥齿轮可分为 Gleason 制锥齿轮、Klingelnberg 制锥齿轮、Oerlikon 制锥齿轮（Oerlikon 公司已合并到 Gleason 公司），其中 Gleason 齿制在各国广泛应用[2]。

与直齿锥齿轮相比，螺旋锥齿轮具有如下特点：

(1) 重叠系数大，即增大了接触传动比。螺旋锥齿轮齿线是曲线形，使得齿轮在传动过程中至少有两个或两个以上的齿同时重叠交替接触，从而减轻了冲击与振动，传动平稳性好，降低了噪声[2]。

(2) 螺旋角也使重叠系数增大，使负荷比压降低，磨损更加均匀，从而提高了齿轮传动的承载能力和使用寿命。

(3) 可通过齿面研磨，使齿面更加光顺；还可调整加工齿轮的刀盘半径，通过修正接触区的位置，改善接触区和齿面粗糙度，降低噪声[1]。

(4) 可实现较大的传动比，小轮的齿数可以少至五个。

因螺旋锥齿轮具有上述优势，故广泛应用于汽车、工程机械、军工机械等传动

领域。螺旋锥齿轮主要类型和特点如下。

1）弧齿锥齿轮

该齿轮的齿面节线是圆弧的一部分，其轮齿采用断续加工方法，通过圆形端面铣刀盘切削而成，如图 1.2 所示。为了增大重叠系数、保证传动的平稳性，齿轮的螺旋角通常为 35°。由于这种齿轮较易实现磨齿加工，磨削精度高，所以弧齿锥齿轮的应用广泛[3]。

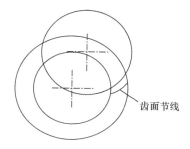

齿面节线

图 1.2　弧齿锥齿轮传动

2）延伸外摆线锥齿轮

该齿轮的齿面节线是延伸外摆线的一部分，采用连续分度加工方法，通过装有一定刀片组数的端铣刀盘进行切削，加工时刀盘和工件同时回转，如图 1.3 所示[2]。该齿轮有 Oerlikon 齿制、Klingelnberg 齿制，生产效率较高。

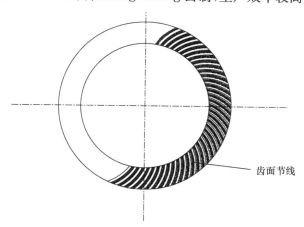

齿面节线

图 1.3　延伸外摆线锥齿轮传动

3）偏置锥齿轮

该齿轮为轴线偏置锥齿轮，即将垂直相交轴的小齿轮轴线向上或向下偏置一个距离 E，齿轮的节面是双曲线螺旋体表面的一部分，如图 1.4 所示。轴线偏置可使小齿轮有较大的螺旋角（一般为 50°左右），从而增大了小轮的端面模数和直径，提高了小轮的强度和使用寿命;由于在传动过程中沿齿长和齿高方向有相对滑动,所以齿面磨损较均匀,热处理后便于研磨,改善了接触区和齿面光洁度,降低了传动噪声;重叠系数比弧齿锥齿轮传动时要大,可使传动更加平稳,主要用于汽车等传动领域[4]。

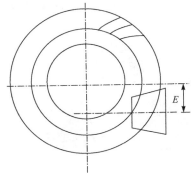

图 1.4　偏置锥齿轮传动

2. 面齿轮分类与特点

面齿轮传动是一种与圆柱齿轮相啮合的传动,与锥齿轮传动相比,具有如下特点[5]:

(1)面齿轮传动中,由于小轮为渐开线圆柱齿轮,所以互换性好,齿轮副啮合的公法线相同,作用力方向不变,啮合时无轴向载荷,从而简化了支撑结构,减轻了重量。而锥齿轮传动中有轴向载荷,使得支撑结构复杂、体积较大。

(2)面齿轮传动是一种点接触传动,能保证定传动比,振动较小,噪声较低。而锥齿轮传动虽然也是一种点接触传动,但其传动比在一定范围内变化。

(3)安装误差对面齿轮传动的影响较小,因此无需对面齿轮进行防错位设计,安装方便。而锥齿轮传动中轴向位置误差将导致严重偏载,必须进行防错位设计。

(4)面齿轮传动相比于锥齿轮传动具有较大的重合度,面齿轮传动空载时可达1.6~1.8,承载时重合度会进一步增大,提高了承载能力,增加了传动平稳性。

(5)面齿轮副中的圆柱齿轮加工互换性好,但不同面齿轮的加工刀具参数不同,会增加刀具数量,使加工成本提高;面齿轮在内径处易产生根切,在外径处齿顶出现变尖现象,面齿轮的齿宽不能设计过大,从而影响了面齿轮的承载能力。而锥齿轮副必须配对加工和使用,检测与维修复杂。

面齿轮具有上述优势,因此广泛应用于能源装备、交通运输、航空航天、工程机械等传动领域。根据面齿轮轮齿方向的不同,可将面齿轮分为直齿、斜齿和弧齿(渐开弧、弧线齿)等三种类型;根据面齿轮传动两个轴之间的相互位置,面齿轮又可分为相交轴面齿轮和偏置轴面齿轮,具有如下特点。

1) 相交轴面齿轮

相交轴面齿轮传动如图 1.5 所示,可分为正交面齿轮传动和非正交面齿轮传动。当面齿轮轴线与圆柱齿轮轴线夹角为 90°时,为正交面齿轮传动;当面齿轮轴线与圆柱齿轮轴线夹角不为 90°时,为非正交面齿轮传动。相对于采用普通锥齿轮动力分流传动装置的系统,采用相交轴面齿轮的系统重量轻(减重可达 40%),传动振动小、噪声低[6]。

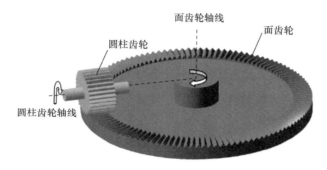

图 1.5　相交轴面齿轮传动

2) 偏置轴面齿轮

偏置轴面齿轮传动如图 1.6 所示,可分为偏置正交面齿轮、偏置非正交面齿轮。面齿轮轴线与圆柱齿轮轴线偏置一个距离 E,当面齿轮轴线与圆柱齿轮轴线不相交且轴线夹角为 90°时,为偏置正交面齿轮传动;当面齿轮轴线与圆柱齿轮轴线不相交且轴线夹角不为 90°时,为偏置非正交面齿轮传动。由于偏置面齿轮齿廓的不对称性以及其齿形为斜齿,传动中可选直齿或斜齿圆柱齿轮与面齿轮进行啮合,丰富了小轮选择的种类,但偏置轴面齿轮的整体尺寸相对于相交轴面齿轮会相应变大[7]。

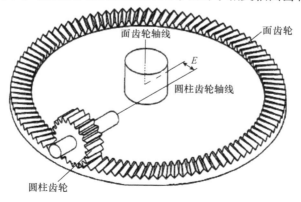

图 1.6　偏置轴面齿轮传动

1.2　螺旋锥齿轮数控磨削原理

1.2.1　螺旋锥齿轮数控磨削概述

美国 Gleason 公司和德国 Klingelnberg 公司是螺旋锥齿轮加工机床的主要供应厂家,分别于 1989 年和 1990 年率先推出了全数控螺旋锥齿轮磨齿机,该磨齿机是一种五轴联动的万能机床,能经济高效地加工出各种齿制的螺旋锥齿轮。我国中南大学于 2002 年研制出国内第一台螺旋锥齿轮数控磨齿机 YK2045,并于 2004年推出了磨齿机 YK2050 和带有偏心机构能磨削成形法大轮的全数控螺旋锥齿轮磨齿机 YK2050A,其加工示意图如图 1.7 所示[3]。

图 1.7　螺旋锥齿轮数控磨齿机加工示意图

螺旋锥齿轮磨齿机的结构模型如图 1.8 所示,它直接用计算机控制三个直线运动轴(X、Y、Z)和两个回转运动轴(A、B),且作联动加工,磨齿时砂轮主轴 C 轴不参与联动,通过六轴五联动可磨削各种铣齿方法加工的收缩齿制螺旋锥齿轮副。此外,还有 D 轴(砂轮修整器主轴),其加工过程时为静止(图中未画出)。该磨齿机基于传统型机械摇台式磨齿机结构,其工作循环为:床鞍前进,带着工件与砂轮进入啮合,摇台(X 轴和 Y 轴的联动)与工件的展成运动开始,待加工完一个齿槽后,床鞍退回,此时摇台与工件反向,摇台反转至其原始位置,在其反转过程中,工件分度以到达加工的下一个齿,然后床鞍前进,开始下一个循环[3]。

该磨齿机通过 X 轴和 Y 轴的联动来模拟摇台的转动,取消了传统的摇台、偏心鼓轮装置和刀倾、刀转机构,五个轴(X、Y、Z、A、B)的联动通过多轴联动数控系统来实现,取消了所有调整环节和大部分传动链,从而消除了机械传动误差。此

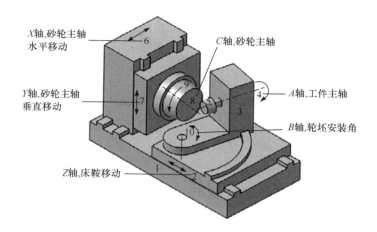

图 1.8　螺旋锥齿轮六轴五联动数控磨齿机结构模型

外,机床具有较大刚度,减少了机床磨削过程中工艺系统的变形和振动,从而显著提高了重复性精度和加工精度。

　　传动质量要求的提高,使汽车车桥、航空、船用中的螺旋锥齿轮传动副广泛采用"铣齿—热处理—磨齿"工艺。为了消除热处理后的变形,降低齿轮副传动噪声,精密螺旋锥齿轮一般采用磨齿方法,使用微晶陶瓷氧化铝(SG)砂轮,只要少量循环甚至一次循环就能磨好齿轮,所以生产效率高,适用于螺旋锥齿轮的大批量生产[3]。

1.2.2　螺旋锥齿轮切齿原理与磨削方法

　　螺旋锥齿轮的磨削与铣削一样,其加工都是按照"假想产形轮"切齿原理进行的,即通过机床上的摇台机构来模拟一个假想齿轮,安装在摇台的刀盘切削面是假想齿轮的一个轮齿。当被加工齿轮与假想齿轮以一定的传动比绕各自的轴旋转时,刀盘就会在轮坯上切出一个齿槽,如图 1.9 所示。齿面切削就如一对准双曲面齿轮的啮合,摇台所代表的假想齿轮为产形轮,被加工出的轮齿曲面与刀盘的切削面是一对完全共轭的齿面[1]。

　　齿轮的加工通常有间接展成法和直接展成法。间接展成法是把能与两个齿轮同时共轭的第三齿面做成一对能相互吻合的切削面,然后用它们分别去切削展成齿轮副中的两共轭曲面。直接展成法是将刀具切削面做成和齿轮齿面一样,然后用它加工与之配对的齿轮。螺旋锥齿轮齿形复杂,不能像其他齿轮那样用间接展成法或直接展成法加工,需采用新的加工原理和方法。

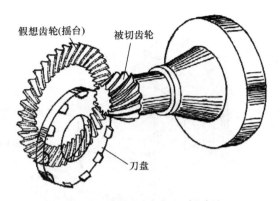

图 1.9　螺旋锥齿轮切齿原理

1. 局部共轭原理加工

在螺旋锥齿轮加工时,由于在展成齿面的同时要加工出齿根曲面,刀盘的刀尖平面应与工件的根锥相切(即刀盘的轴线应垂直于根锥),所以既不能采用直接展成法加工,把加工小轮的刀盘切削面做得和大轮齿面一样,也不能采用间接展成法加工,使加工大轮的刀盘切削面和小轮刀盘切削面相互吻合,而必须用局部共轭原理进行切齿[1]。

局部共轭原理是根据已加工的大轮齿面,用齿轮啮合原理求出与大轮完全啮合的小轮齿面,虽然小轮齿面在理论上存在,但无法在齿轮机床上加工。因此,可在小轮齿面上选择一个基准点 M,然后轻轻地铲出基准点 M 四周一层,离基准点 M 越远的地方铲得越多,将理论齿面修成一个既能在基准点 M 相切、又能在齿轮机床上加工的实际齿面。根据 Gleason 接触原理,实际齿面与大轮相啮合的接触区不再布满整个齿面,而是形成一个以基准点 M 为中心的近似椭圆的局部接触区,如图 1.10 所示,椭圆长轴 a 和短轴 b 分别为齿轮加工接触弧长和接触宽度。

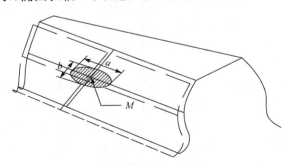

图 1.10　局部共轭原理加工齿轮的点接触区

根据局部共轭原理切制的齿轮副,瞬时接触不再是线接触,而是点接触,其传动比不恒定。这使得局部共轭的螺旋锥齿轮副具有可调性,在正确位置安装时齿轮副接触发生在轮齿中部,当安装位置产生误差时,接触区将在中点附近移动,而不会使载荷集中到轮齿边缘,其使用效果比完全共轭的齿轮副要好,故螺旋锥齿轮副都采用局部共轭原理进行切削。

2. 螺旋锥齿轮磨削方法

加工螺旋锥齿轮的产形轮可分为平面产形轮和锥形产形轮两种形式,如图 1.11 所示。平面产形轮的刀盘轴线与机床摇台轴线平行,产形轮的面锥角 δ_{01} 为 90°;锥形产形轮的刀盘轴线与摇台轴线不平行,产形轮的面锥角 δ_{01} 不为 90°。螺旋锥齿轮副的大轮通常采用平面产形轮加工,为了提高生产效率,都采用双面法加工。当大轮节锥角小于 70°时,大轮必须用展成法加工;当大轮节锥角大于 70°时,大轮齿面与刀盘形状相近,且大轮根锥与根锥中点切平面很接近,可用成形法加工大轮,加工时摇台和工件不转动[1]。

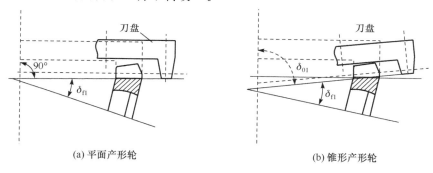

(a) 平面产形轮　　　　　　　　　　　　(b) 锥形产形轮

图 1.11　螺旋锥齿轮加工的两种产形轮

为了能与螺旋锥齿轮副大轮正确啮合,小轮采用单面法加工,既可以采用平面产形轮,也可以采用锥形产形轮。按照机床是否安装变性机构和刀倾机构,小轮可分别采用变性法和刀倾法加工。变性法加工小轮时用平面产形轮,产形轮与工件之间的传动比可变化;刀倾法加工小轮时用锥形产形轮,产形轮与工件之间的传动比恒定。

螺旋锥齿轮副的磨齿方法有直口杯砂轮磨削、瓦古利(Waguri)机构磨削和扩口杯砂轮磨削等。磨削成形法大轮时,直口杯砂轮直接切入大轮的齿槽,砂轮切削面与轮齿槽面在齿长方向上会产生齿面完全接触,这样既会产生很大的磨削力,又会使冷却液无法进入磨削区域,容易发生齿面烧伤,因此磨削成形法大轮时一般采用瓦古利机构磨削或扩口杯砂轮磨削[3]。

瓦古利机构磨齿方法如图 1.12 所示,它采用带有偏心的磨削主轴来磨削成形法大轮,偏心的主轴(偏心量为 0.1～0.15mm)用以安装砂轮主轴,当砂轮主轴围绕其偏心主轴转动时,砂轮和齿槽齿面产生间隙式接触。当砂轮沿轴向进给到齿槽中时,它交替地在齿槽凸面和凹面沿齿长方向上切除磨削余量,而偏心量提供了冷却液和磨屑排除时的附加间隙,冷却液的进入使被磨削齿面不会产生烧伤,提高了金属切除率。这种磨齿方法可采用直口杯砂轮,而不需要采用价格较贵的扩口杯砂轮,但其缺点是使结构复杂,机床多了一套转动机构。

　　为使磨齿机的结构简单,在没有瓦古利机构时,成形法大轮可采用扩口杯砂轮磨齿方法。这种方法在磨齿时采用带有 30°锥角的 SG 砂轮,其结构外形如图 1.13 所示。磨轮表面的扩口倾角使得砂轮与齿槽齿面之间产生间隙,冷却液可方便进入齿面和齿槽间,改善了磨削质量。对于展成法加工的大轮和小轮,均可采用直口杯砂轮磨齿方法。

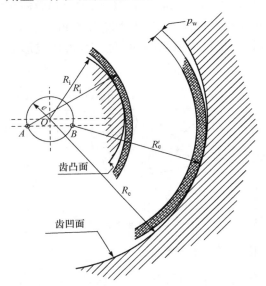

图 1.12　瓦古利机构磨齿方法

图 1.13　扩口杯砂轮结构外形

3. 螺旋锥齿轮扩口杯磨削的调整计算

　　如图 1.14 所示,当采用扩口杯砂轮磨削成形法大轮时,扩口杯砂轮直径要选得合适,砂轮外侧表面的曲率半径 P_2M_2 应小于大轮凹面的曲率半径 P_2K_2,而砂轮内侧表面的曲率半径 P_1M_1 应大于大轮凸面的曲率半径 P_1K_1,齿面和砂轮只在一条母线上接触,其他地方都存在间隙,这使得磨削冷却液可进入齿面和齿槽间,避免了齿面产生烧伤,同时砂轮通过磨齿机的运动扫过整个齿槽,成形磨削出大轮齿形[1]。

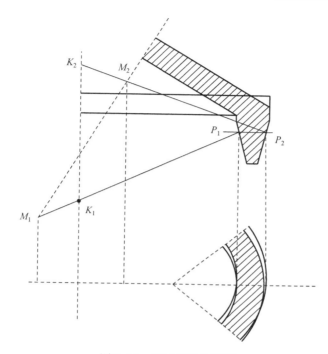

图 1.14　扩口杯砂轮磨削

1) 数控磨齿机各轴的运动位移量计算

在磨齿机上采用扩口杯砂轮磨削螺旋锥齿轮时,需保证螺旋锥齿轮与刀盘之间的相对运动不变,如图 1.15 所示。

设扩口杯砂轮的轴线矢量为 c^*,被加工齿轮的轴线矢量为 p,假想直口杯砂轮顶平面与其轴线交点为 O_c,过砂轮顶平面中点 M 并垂直于扩口杯砂轮轴线的平面与扩口杯砂轮轴线的交点为 O_c^*,则有

$$\begin{cases} c^*=(-\sin\alpha\sin\beta,\sin\alpha\cos\beta,\cos\alpha) \\ p=(\cos\varGamma_{M},0,\sin\varGamma_{M}) \\ \overrightarrow{O_3M}=(\sin\varGamma_{M},0,-\cos\varGamma_{M}) \\ \overrightarrow{O_cO_c^*}=((r_c-r_c^*\cos\alpha)\sin\beta,(r_c^*\cos\alpha-r_c)\cos\beta,-r_c^*\sin\alpha) \end{cases} \quad (1.4)$$

根据图 1.8 中的数控磨齿机各轴,转动工件箱到 90° 位置时,调整刀盘轴线与工件轴线在同一直线上,此时工件轴线在砂轮底面的投影即机床原点位置,如图 1.16所示,机床原点为 O,B 轴回转中心与工件轴线的交点为 O'。由于砂轮轴线方向始终不变,而被加工齿轮的轴线方向绕其转动中心是变化的,所以扩口杯砂轮磨削成形法大轮时,可根据加工齿轮轴线与砂轮轴线的相对位置关系,确定数控磨齿机加工时各轴的运动关系。

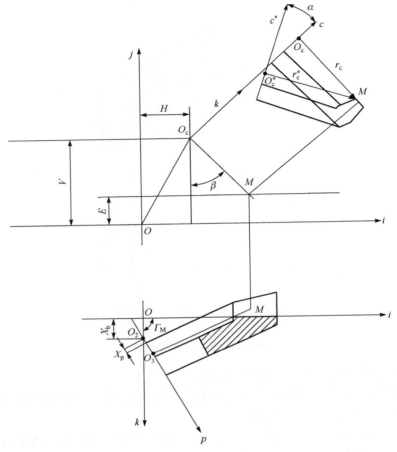

图 1.15　扩口杯砂轮磨削成形法大轮的相对位置关系

H-水平刀位;V-垂直刀位;E-垂直轮位;X_b-床位;X_p-水平轮位修正量;Γ_M-轮坯安装角;β-中点螺旋角

数控磨齿机各轴的位置坐标矢量表示为

$$\begin{cases} Z = c^* \\ Y = (c^* \times p)/\cos B \\ X = Y \times Z \end{cases} \tag{1.5}$$

设 X、Y、Z 三轴对应的单位坐标分量分别为 i、j、k,将式(1.4)代入式(1.5)中,可得数控磨齿机各轴的位置坐标矢量为

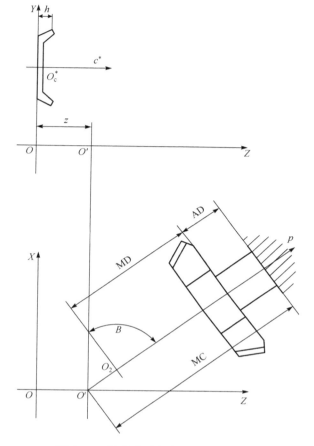

图 1.16　数控磨齿机加工位置示意图

MC-机床设计常数;MD-轮坯安装距;AD-夹具长度;h-砂轮高度;B-齿坯安装夹角

$$
\begin{cases}
X = \dfrac{(\sin\alpha\cos\alpha\sin\beta\sin\Gamma_{M} + \cos^{2}\alpha\cos\Gamma_{M} + \sin^{2}\alpha\cos^{2}\beta\cos\Gamma_{M})}{\cos B}i \\[2mm]
\quad - \dfrac{(\sin\alpha\cos\alpha\cos\beta\sin\Gamma_{M} - \sin^{2}\alpha\sin\beta\cos\beta\cos\Gamma_{M})}{\cos B}j \\[2mm]
\quad + \dfrac{(\sin^{2}\alpha\sin\Gamma_{M} + \sin\alpha\cos\alpha\sin\beta\cos\Gamma_{M})}{\cos B}k \\[2mm]
Y = \dfrac{\sin\alpha\cos\beta\sin\Gamma_{M}}{\cos B}i + \dfrac{(\sin\alpha\sin\beta\sin\Gamma_{M} + \cos\alpha\cos\Gamma_{M})}{\cos B}j + \dfrac{\sin\alpha\cos\beta\cos\Gamma_{M}}{\cos B}k \\[2mm]
Z = (-\sin\alpha\sin\beta, \sin\alpha\cos\beta, \cos\alpha)
\end{cases}
\tag{1.6}
$$

平面 XOY 内沿 X、Y 轴方向的运动位移为刀心位置矢量 $\overrightarrow{OO_{c}^{*}}$ 的投影,沿 Z 轴方向的运动位移为 O' 点在数控机床坐标系中位置矢量的投影,分解到数控机床

各轴的运动位移量为

$$
\begin{cases}
x = \overrightarrow{OO_c^*} \cdot X \\
y = \overrightarrow{OO_c^*} \cdot Y \\
z = \overrightarrow{OO'} \cdot Z
\end{cases}
\tag{1.7}
$$

根据矢量运算法则，$\overrightarrow{OO_c^*} = \overrightarrow{OO'} + \overrightarrow{O'O_c^*}$，$\overrightarrow{OO'}$ 矢量垂直于平面 XOY，$\overrightarrow{OO'} = \overrightarrow{O_c^*O'} + h \cdot c^*$，则式（1.7）变为

$$
\begin{cases}
x = \overrightarrow{O'O_c^*} \cdot X \\
y = \overrightarrow{O'O_c^*} \cdot Y \\
z = \overrightarrow{O_c^*O'} \cdot Z + h
\end{cases}
\tag{1.8}
$$

根据图 1.16 可求得 $\overrightarrow{O'O_c^*}$，代入式（1.8）可得数控机床各轴的运动位移量为

$$
\begin{cases}
\begin{aligned}
x =\ & (((MC-MD-AD-X_p)\cos\Gamma_M + H + (r_c - r_c^*\cos\alpha)\sin\beta) \\
& \times (\sin\alpha\cos\alpha\sin\beta\sin\Gamma_M + \cos^2\alpha\cos\Gamma_M + \sin^2\alpha\cos^2\beta\cos\Gamma_M) \\
& -(V-E+(r_c^*\cos\alpha - r_c)\cos\beta) \\
& \times (\sin\alpha\cos\alpha\cos\beta\sin\Gamma_M - \sin^2\alpha\sin\beta\cos\beta\cos\Gamma_M) \\
& +((MC-MD-AD-X_p)\sin\Gamma_M - X_b - r_c^*\sin\alpha) \\
& \times (\sin^2\alpha\sin\Gamma_M + \sin\alpha\cos\alpha\sin\beta\cos\Gamma_M))/\cos B \\
y =\ & (((MC-MD-AD-X_p)\cos\Gamma_M + H + (r_c - r_c^*\cos\alpha)\sin\beta) \\
& \times \sin\alpha\cos\beta\sin\Gamma_M + (V-E+(r_c^*\cos\alpha - r_c)\cos\beta) \\
& \times (\sin\alpha\sin\beta\sin\Gamma_M + \cos\alpha\cos\Gamma_M) \\
& -((MC-MD-AD-X_p)\sin\Gamma_M - X_b - r_c^*\sin\alpha) \\
& \times \sin\alpha\cos\beta\cos\Gamma_M)/\cos B \\
z =\ & ((MC-MD-AD-X_p)\cos\Gamma_M + H + (r_c - r_c^*\cos\alpha)\sin\beta) \times \sin\alpha\sin\beta \\
& -(V-E+(r_c^*\cos\alpha - r_c)\cos\beta) \times \sin\alpha\cos\beta \\
& -((MC-MD-AD-X_p)\sin\Gamma_M - X_b - r_c^*\sin\alpha) \times \cos\alpha + h
\end{aligned}
\end{cases}
\tag{1.9}
$$

工件与垂直于扩口杯砂轮轴线的平面 XOY 的夹角 B 可以由关系式 $\sin B = c^* \cdot p$ 计算，即

$$
\begin{cases}
B = \arcsin(\cos\alpha\sin\Gamma_M - \sin\alpha\sin\beta\cos\Gamma_M), \\
\qquad 当\ 0 \leqslant \cos\alpha\sin\Gamma_M - \sin\alpha\sin\beta\cos\Gamma_M \leqslant 1\ 时 \\
B = -\arcsin(\cos\alpha\sin\Gamma_M - \sin\alpha\sin\beta\cos\Gamma_M), \\
\qquad 当\ {-1} \leqslant \cos\alpha\sin\Gamma_M - \sin\alpha\sin\beta\cos\Gamma_M \leqslant 0\ 时
\end{cases}
\tag{1.10}
$$

2）磨削工件转角计算

理论分析时可将工件主轴作为由工件展成轴和工件分度轴组成的两个虚拟轴,每加工一个齿时,它们的转角分别为 ΔA_1、ΔA_2,工件主轴的转角 A 为 $\Delta A_1 + \Delta A_2$。扩口杯砂轮磨削成形法大轮时,砂轮与工件之间做类似展成的运动,工件做绕自身轴线的转动,设在图 1.15 中工件的总展成转角为 A_1,则通过 $\overrightarrow{O_3M} \times Y = p\sin A_1$ 计算,可得

$$A_1 = \arcsin\left(\frac{\sin\alpha\sin\beta\sin\varGamma_{\mathrm{M}} + \cos\alpha\cos\varGamma_{\mathrm{M}}}{\cos B}\right) \tag{1.11}$$

在砂轮从小端的 β_1 磨削至大端的 β_2 时,机床工件箱的转角分别为 B_1、B_2,由式(1.11)可得出砂轮展成加工一个齿的转角为

$$\Delta A_1' = \arcsin\left(\frac{\sin\alpha\sin\beta_2\sin\varGamma_{\mathrm{M}} + \cos\alpha\cos\varGamma_{\mathrm{M}}}{\cos B_2}\right)$$
$$- \arcsin\left(\frac{\sin\alpha\sin\beta_1\sin\varGamma_{\mathrm{M}} + \cos\alpha\cos\varGamma_{\mathrm{M}}}{\cos B_1}\right) \tag{1.12}$$

每加工一个齿,工件的分度转角 $\Delta A_2'$ 为

$$\Delta A_2' = 360° \times \frac{Z_{\mathrm{i}}}{Z} \tag{1.13}$$

式中,Z_{i} 为跳跃齿数,Z 为全齿数。

由于跳跃齿数与全齿数之间不能有公因数,由式(1.12)和式(1.13)可得工件转角为

$$A = \Delta A_1 + \Delta A_2 = (\Delta A_1' + \Delta A_2') \times n$$
$$= \left[\arcsin\left(\frac{\sin\alpha\sin\beta_2\sin\varGamma_{\mathrm{M}} + \cos\alpha\cos\varGamma_{\mathrm{M}}}{\cos B_2}\right)\right.$$
$$\left. - \arcsin\left(\frac{\sin\alpha\sin\beta_1\sin\varGamma_{\mathrm{M}} + \cos\alpha\cos\varGamma_{\mathrm{M}}}{\cos B_1}\right) + 360°\frac{Z_{\mathrm{i}}}{Z}\right] \times n, \quad n = 1, 2, \cdots, Z$$
$$\tag{1.14}$$

1.3　面齿轮数控磨削原理

1.3.1　面齿轮磨削加工方法

面齿轮磨齿按磨削原理分类有成形法加工和展成法加工,按砂轮类型分类有锥面砂轮磨齿、大平面砂轮磨齿、成形砂轮磨齿、蜗杆砂轮磨齿以及碟形砂轮磨齿等,它们的特点如表 1.1 所示[5]。

表 1.1　面齿轮磨齿分类及特点

类别	磨削方法	优点	缺点
锥面砂轮磨齿	展成法	将齿轮的锥面假想成齿条的一个齿,磨齿时将齿面展成齿轮本身的运动进行磨削	砂轮被做成锥面形,磨削损耗大;由于不存在自动补偿机构,加工误差大
大平面砂轮磨齿	展成法	砂轮直径大,不需要轴向进给往复运动,磨削面积大,磨损较小	仅适用于大径、宽面、精度较高的齿轮磨削
成形砂轮磨齿	成形法	生产效率、加工精度高;具有万能性,机床结构简单	需专用砂轮修整器修正砂轮,耗时;换件时重新调试周期比较长;砂轮进刀误差、砂轮修正质量和金刚石磨损等因素引起齿形变化,导致齿形精度保持性差。仅适用于大模数齿轮的磨齿
蜗杆砂轮磨齿	成形法	采用连续分度和进给进行加工;空程时间少,换件时重新调试周期较短,生产效率高;不需要专门的滚圆盘,通用性较广	修正砂轮的形状较困难和费时。仅适用于少品种、大批量生产
碟形砂轮磨齿	展成法	点接触方式,接触面小,采用高精度分度机构和砂轮自动补偿机构,加工精度高,应用较广泛	磨削刚性较差,磨削深度受到限制

　　由于面齿轮齿面属于空间超越曲面,齿形复杂,磨齿作为精加工方法主要是保证加工精度,所以本书主要讨论碟形砂轮磨削面齿轮的展成法加工及原理。

1.3.2　碟形砂轮磨削面齿轮加工原理

　　面齿轮的碟形砂轮磨削是利用碟形砂轮模拟虚拟插齿刀的一个齿,对面齿轮做展成磨削运动,属于单分度展成磨齿方法,需独立完成展成运动、进给运动、切削运动,其加工示意图如图 1.17 所示[6]。

　　碟形砂轮磨削面齿轮的加工原理如图 1.18 所示,要实现碟形砂轮 3 磨齿加工面齿轮 1,需面齿轮 1 与虚拟插齿刀 2 啮合,虚拟插齿刀 2 同时与碟形砂轮 3 啮合。磨削过程中,面齿轮绕其回转轴 Z_2 旋转,碟形砂轮同步围绕虚拟插齿刀 2 的轴线 Z_s 悬摆,插齿刀的回转运动通过砂轮的悬摆来模拟,从而完成面齿轮磨齿的展成运动,虚拟插齿刀与面齿轮的传动比 i_{2s} 满足如下关系[7]:

$$i_{2s} = \frac{\varphi_2}{\varphi_s} = \frac{N_s}{N_2} = \frac{\omega_2}{\omega_s} \tag{1.15}$$

式中,φ_2、ω_2 和 N_2 分别为面齿轮的转角、转速和齿数,φ_s、ω_s 和 N_s 分别为砂轮悬

摆角度、转速和虚拟插齿刀的齿数。

图 1.17　碟形砂轮磨削面齿轮加工示意图

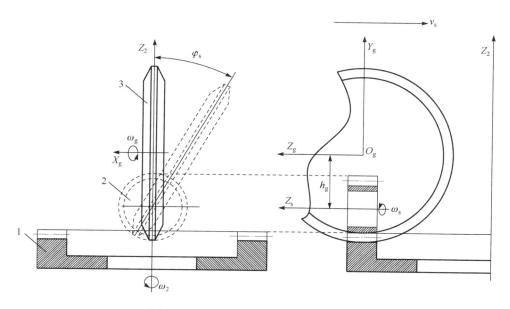

图 1.18　碟形砂轮磨削面齿轮加工原理

根据 Gleason 接触原理,展成磨削时碟形砂轮的法截面齿廓 Σ_g 应与虚拟插齿刀的端面齿廓 Σ_s 相同,则虚拟插齿刀与碟形砂轮之间形成了线接触 L_{sg},而面齿轮齿廓 Σ_2 与虚拟插齿刀齿廓 Σ_s 的啮合为线接触 L_{s2},则面齿轮 Σ_2 与碟形砂轮 Σ_g 的接触点为 L_{sg} 与 L_{s2} 的交点,采用碟形砂轮磨削面齿轮在每个瞬时的接触方式为点接触,从而切出面齿轮上的一个带状区域,为瞬时接触椭圆[7]。

磨齿的切削运动是碟形砂轮绕其回转轴 X_g 的高速自转 ω_g。为切出面齿轮的整个齿面,碟形砂轮中心 O_g 需做平行于虚拟插齿刀轴线的往复移动 v_s,以在面齿轮上形成一系列带状区域,由这些带状区域构成面齿轮的整个齿面,砂轮中心的往复运动为磨齿进给运动。当磨削加工完一个齿面后,齿坯随工作台绕 Z_2 轴进行旋转分度,继续磨削加工下一个齿面,直到所有轮齿磨削加工完成。

为实现碟形砂轮磨削面齿轮,可采用六轴五联动磨床加工,其结构简化模型如图 1.19 所示,机床的主要运动包括碟形砂轮主轴(B 轴)在 X、Y、Z 三个方向的移动,以及绕工件旋转轴(A 轴)的转动,机床工作台绕悬摆轴(C 轴)的转动,实现 X、Y、Z、A 和 C 的五轴联动。

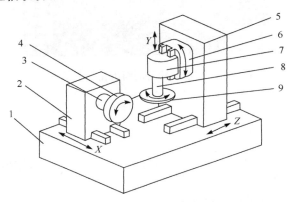

图 1.19　面齿轮六轴五联动磨床结构模型

1-床身;2-进给轴(X 轴);3-工件旋转轴(A 轴);4-工件(面齿轮);5-磨床立柱(Z 轴);
6-悬摆轴(C 轴);7-碟形砂轮旋转主轴箱(Y 轴);8-碟形砂轮主轴(B 轴);9-碟形砂轮

1.4　点接触共轭曲面齿轮磨削基本参数

1.4.1　螺旋锥齿轮磨削基本参数

螺旋锥齿轮磨削基本参数包括接触宽度、接触弧长和磨粒的有效磨平面积等。

1. 螺旋锥齿轮磨削接触宽度

对于用成形法加工后的螺旋锥齿轮大轮,淬硬后的精密加工不能用成形法加工,常用带有 30° 锥角的扩口杯 SG 砂轮进行展成磨削,从齿轮大端进入齿槽直到小端结束,在任一瞬时仅有齿槽的一小部分沿齿长被磨削,如图 1.20 所示。工件与砂轮在齿长方向的接触宽度取决于砂轮与工件齿面的相对曲率[3]。

根据螺旋锥齿轮切齿的局部共轭原理,扩口杯砂轮的外侧表面比轮齿凹面具有较小的曲率半径,而砂轮的内侧表面比轮齿凸面具有较大的曲率半径,使砂轮与齿面的每一瞬间接触理论上为点接触。设大轮与砂轮在磨削点公切面内的两相互

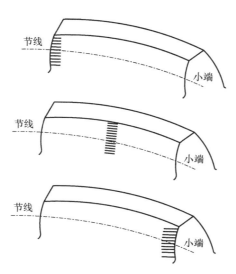

图 1.20　磨削螺旋锥齿轮大轮接触区

垂直方向为 $v \times t$，由于大轮的 v_2 向切矢与砂轮的 v_1 向切矢不重合，设它们的夹角为 Δ，则有

$$\begin{cases} \sin\Delta = (r_{v1}, r_{v2}, n_1) \\ \cos\Delta = r_{v1} r_{v2} \end{cases} \tag{1.16}$$

式中，r_{v1} 为切平面内砂轮磨削点的 v 向径矢；n_1 为法矢；r_{v2} 为大轮磨削点的 v 向径矢。

则与大轮两相互垂直 v、t 方向一致的砂轮的法曲率 A_1'、B_1' 和短程挠率 C_1' 分别为

$$\begin{cases} A_1' = A_1 \cos^2\Delta + B_1 \sin^2\Delta - 2C_1 \sin\Delta\cos\Delta \\ B_1' = A_1 \sin^2\Delta + B_1 \cos^2\Delta + 2C_1 \sin\Delta\cos\Delta \\ C_1' = (A_1 - B_1) \sin\Delta\cos\Delta + C_1 (\cos^2\Delta - \sin^2\Delta) \end{cases} \tag{1.17}$$

大轮与砂轮在接触点沿 v、t 方向的相对法曲率 ΔA、ΔB 和相对短程挠率 ΔC 分别为

$$\begin{cases} \Delta A = A_2 - A_1' \\ \Delta B = B_2 - B_1' \\ \Delta C = C_2 - C_1' \end{cases} \tag{1.18}$$

设 α 为公切面上的任意切线方向，它与 v 方向的夹角为 θ，大轮和砂轮沿 α 方向的诱导法曲率 Δk 可用欧拉公式求得，即

$$\Delta k = \Delta A\cos^2\theta + \Delta B\sin^2\theta + 2\Delta C\sin\theta\cos\theta \tag{1.19}$$

令 $\tan(2\tau)=\dfrac{2\Delta C}{\Delta A-\Delta B}$，则有

$$\Delta k=\frac{\Delta A+\Delta B}{2}+\frac{\sqrt{(\Delta A-\Delta B)^2+4\Delta C^2}}{2}\cos[2(\theta-\tau)] \qquad (1.20)$$

对于大轮凹面，$\Delta k>0$，当 $\theta=\tau+90°$ 时，Δk 达到极小值，即

$$\Delta k_{min}=\frac{\Delta A+\Delta B}{2}-\frac{\sqrt{(\Delta A-\Delta B)^2+4\Delta C^2}}{2} \qquad (1.21)$$

对于大轮凸面，$\Delta k<0$，当 $\theta=\tau$ 时，Δk 达到极小值，即

$$\Delta k_{min}=\frac{\Delta A+\Delta B}{2}+\frac{\sqrt{(\Delta A-\Delta B)^2+4\Delta C^2}}{2} \qquad (1.22)$$

根据 Gleason 接触原理，可求得磨削瞬时接触椭圆的长半轴 l_1' 为[3]

$$l_1'=\frac{\sqrt{0.0127\,|\Delta k_{min}|}}{|\Delta k_{min}|} \qquad (1.23)$$

如果用 u 表示接触椭圆的长半轴，则有

$$u=l_1'(\cos\theta\cdot v+\sin\theta\cdot t) \qquad (1.24)$$

将公切面内的 u 投影到由大轮轴线 p_2 与径矢 r_2 确定的轴截面内，建立如图 1.21 所示的坐标系 $\sigma_e=\{O_2;e_1,e_2,e_3\}$，其中：

$$\begin{cases} e_1=p_2 \\ e_3=\dfrac{p_2\times r_2}{|p_2\times r_2|} \\ e_2=e_3\times e_1 \end{cases} \qquad (1.25)$$

设 u 与轴截面的夹角为 τ'，则

$$\sin\tau'=ue_3/l_1' \qquad (1.26)$$

大轮磨削时在轴截面内的投影长，即磨削接触宽度 b 为[3]

$$b=2l_1'\cos\tau' \qquad (1.27)$$

若 u 在轴截面内的投影与大轮轴线方向 e_1 的夹角为 τ''，则 τ'' 为

$$\tan\tau''=\frac{ue_2}{ue_1} \qquad (1.28)$$

设投影方向与大轮根锥方向的夹角为 G，则有

$$G=\tau''-\delta_{f2} \qquad (1.29)$$

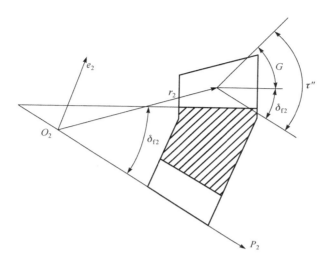

图 1.21　接触点在轴截面内投影图

根据式(1.27)和式(1.29)，则可求得大轮磨削接触宽度 b 和投影方向与大轮根锥方向的夹角 G。

2. 螺旋锥齿轮磨削接触弧长

考虑磨削砂轮与工件均产生弹性变形，砂轮的弹性变形将使接触区的曲率半径增加，工件的弹性变形将使接触区向后延伸；工件受热后的局部热膨胀 Δa_{T} 使砂轮实际磨削深度 a' 小于理论磨削深度 a_{p}，即 $a'=a_{\mathrm{p}}-\Delta a_{\mathrm{T}}$，同时考虑不同砂轮等因素对接触弧长的影响，则实际磨削接触弧长 l_{k} 为[3]

$$l_{\mathrm{k}}=\beta\sqrt{\frac{2r_{\mathrm{s}}'(a_{\mathrm{p}}-\Delta a_{\mathrm{T}})}{1+r_{\mathrm{s}}'/r_{\mathrm{w}}}}\times K\left(1+\frac{v_{\mathrm{w}}}{v_{\mathrm{s}}}\right) \tag{1.30}$$

式中，r_{s}' 为砂轮变形后的等效半径，相应的等效直径 $d_{\mathrm{s}}'=(d_{\mathrm{w}}+d_{\mathrm{s}})/(d_{\mathrm{w}}d_{\mathrm{s}})$，其中 d_{s} 为砂轮直径，d_{w} 为磨处齿面的曲率直径，r_{w} 为其半径；K 为工件弹性变形系数；v_{s} 为砂轮速度；v_{w} 为展成速度；β 为与砂轮相关的系数，当砂轮为树脂结合剂金刚石砂轮时，β 取 2.5，当砂轮为陶瓷结合剂金刚石砂轮或微晶陶瓷氧化铝砂轮时，β 取 1。

3. 螺旋锥齿轮磨削磨粒的有效磨平面积

砂轮表面磨粒的有效磨平面积 A_{g} 直接影响滑擦力，修整后磨粒尖端的磨平面积随着因摩擦磨损导致的钝化过程和因磨粒破碎导致的自锐过程而变化。用扩口杯砂轮磨削螺旋锥齿轮大轮可看成连续磨削，钝化和自锐的综合影响导致 A_{g} 与累积滑擦长度 l_{s1} 近似成正比，即

$$A_g = A_0 + k_1 l_{s1} \tag{1.31}$$

式中，A_0 为砂轮修整后的初始磨平面积，它与修整后的表面形貌状态、磨削液的影响等有关；k_1 为给定砂轮/工件/磨削液组合的磨损常数。

对于砂轮旋转的每一周，l_{s1} 随着砂轮/工件的接触弧长 l_k 的增大而增大，可用磨削时间 t 的积分形式来计算累积滑擦长度[3]，即

$$l_{s1} = \int_0^t \frac{v_s}{\pi d_s} l_k dt \tag{1.32}$$

式(1.32)说明有效磨损平面 A_g 随接触弧长 l_k 内的磨削时间 t 的变化而变化。

1.4.2　面齿轮磨削基本参数

面齿轮磨削基本参数主要有磨削接触齿面的主曲率与主方向、磨削瞬时接触椭圆的长轴与短轴、砂轮单位面积有效磨粒数、磨粒的平均切削深度等。

1. 磨削接触齿面主曲率与主方向

设光滑曲面 Σ 上任意一点 P，通过 P 点的任意一条曲线为 $\Gamma: r = r[\theta_s(s), \varphi_s(s)]$，曲线 Γ 上点 P 处的单位切矢和单位法矢分别为 α 和 β，曲面 Σ 上点 P 处的单位法矢为 n，如图 1.22 所示。根据微分几何与齿轮啮合原理，光滑曲面的基本几何量为第一基本二次型 Ⅰ 和第二基本二次型 Ⅱ。对于齿面上任意一点的各个方向法曲率不同，取其两个极值点作为曲面该点的主曲率，其对应的方向为主方向[8]。则齿面上任意一点的法曲率 ρ_n 为

$$\rho_n = k\cos\theta = \frac{\text{Ⅱ}}{\text{Ⅰ}} = \frac{L\left(\dfrac{d\theta_s}{d\varphi_s}\right)^2 + 2M\left(\dfrac{d\theta_s}{d\varphi_s}\right) + N}{E\left(\dfrac{d\theta_s}{d\varphi_s}\right)^2 + 2F\left(\dfrac{d\theta_s}{d\varphi_s}\right) + G} \tag{1.33}$$

式中，k 为齿面任意一条曲线 Γ 上点 P 处的曲率；θ 为曲线 Γ 上该点单位法矢 β 与曲面 Σ 上该点单位法矢 n 之间的夹角；E、F、G 为齿面的第一基本量，且

$$E = \left(\frac{\partial r}{\partial \varphi_s}\right)^2, \quad F = r \cdot \frac{\partial r}{\partial \theta_s}, \quad G = \left(\frac{\partial r}{\partial \theta_s}\right)^2$$

L、M、N 为齿面的第二基本量，且

$$L = n \cdot \frac{\partial r}{(\partial \varphi_s)^2}, \quad M = n \cdot \frac{\partial r}{\partial \theta_s \partial \varphi_s}, \quad N = n \cdot \frac{\partial r}{(\partial \theta_s)^2}$$

其中，$n = \dfrac{r_{\varphi_s} \times r_{\theta_s}}{|r_{\varphi_s} \times r_{\theta_s}|}$。

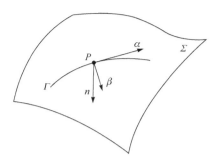

图 1.22 曲面基本参数

令 $t=\dfrac{\mathrm{d}\varphi_s}{\mathrm{d}\theta_s}$，则式（1.33）可转化为

$$(E\rho_n-L)t^2+2(F\rho_n-M)t+(G\rho_n-N)=0 \tag{1.34}$$

对 t 求导，可得

$$2[(E\rho_n-L)t+(F\rho_n-M)]+(Et^2+2Ft+G)\frac{\mathrm{d}\rho_n}{\mathrm{d}t}=0 \tag{1.35}$$

令 $\dfrac{\mathrm{d}\rho_n}{\mathrm{d}t}=0$，可得

$$(E\rho_n-L)t+(F\rho_n-M)=0 \tag{1.36}$$

由式（1.33）和式（1.35）可得

$$(F\rho_n-M)t+(G\rho_n-N)=0 \tag{1.37}$$

由式（1.36）和式（1.37）消去 t 可得如下主曲率矩阵方程：

$$\frac{M-F\rho_n}{E\rho_n-L}=\frac{N-G\rho_n}{F\rho_n-M} \tag{1.38}$$

由式（1.36）和式（1.37）消去 ρ_n 可得如下主方向矩阵方程：

$$\frac{M+Lt}{Et+F}=\frac{N+Mt}{Ft+G} \tag{1.39}$$

2. 磨削瞬时接触椭圆长轴与短轴

由 Gleason 接触原理可知，碟形砂轮磨削接触点的瞬时接触也为椭圆接触，如图 1.10 所示，它以椭圆的中心为磨削点，椭圆长轴 a、短轴 b 分别为面齿轮磨削接触弧长 l_k 和磨削接触宽度 b[8]。

面齿轮磨削瞬时接触椭圆受磨削深度、磨削时弹性变形量等因素影响。面齿轮磨削齿面接触椭圆相关参数如图 1.23 所示,图中 Σ、η 为公切面上的两坐标轴,ρ_1、ρ_2 为主方向矢量,α_s 为主方向之间的夹角,σ 为主方向 ρ_1 与坐标轴 η 的夹角。

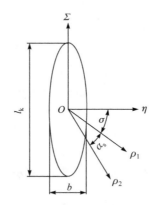

图 1.23　面齿轮磨削齿面接触椭圆相关参数

椭圆长轴 l_k、短轴 b 的计算公式为

$$l_k = 2\sqrt{\left|\frac{\delta + a_p}{A}\right|}, \quad b = 2\sqrt{\left|\frac{\delta + a_p}{B}\right|} \tag{1.40}$$

式中

$$A = \frac{1}{4}\left(\Sigma^{(1)} - \Sigma^{(2)} - \sqrt{g_1^2 - 2g_1g_2\cos2\alpha_s + g_2^2}\right)$$

$$B = \frac{1}{4}\left(\Sigma^{(1)} - \Sigma^{(2)} + \sqrt{g_1^2 - 2g_1g_2\cos2\alpha_s + g_2^2}\right)$$

a_p 为磨削深度;δ 为弹性变形量;$\Sigma^{(i)} = \rho_{n1}^{(i)} + \rho_{n2}^{(i)}$,$g_i = \rho_{n1}^{(i)} - \rho_{n2}^{(i)}$ $(i=1,2)$,$\rho_{n1}^{(i)}$、$\rho_{n2}^{(i)}$ 分别为面齿轮齿面和碟形砂轮曲面的主曲率。

3. 砂轮单位面积有效磨粒数

磨削时并不是所有的磨粒都参与磨削,需确定通过磨削弧区的有效磨粒数。砂轮单位面积有效磨粒数的计算公式为[9]

$$N = 4f/\{d_g^2[4\pi/(3\nu)]^{2/3}\} \tag{1.41}$$

式中,f 为参与磨削的磨粒百分比,一般取 50%;ν 为砂轮磨粒的体积分数,一般取 0.24;d_g 为磨粒当量球直径,$d_g = 15.2/M$,M 为磨粒粒度。

4. 磨粒的平均切削深度

面齿轮磨齿过程中,砂轮磨粒的平均切削深度(未变形平均切屑厚度)$\bar{a}_g$ 是影响磨削力的一个重要特征参数[9]。利用 Rayleigh 概率密度函数,平均切削深度 $\bar{a}_\mathrm{g}$ 为

$$\bar{a}_\mathrm{g}=\left(\frac{a_\mathrm{p}}{2N}\frac{v_\mathrm{w}}{v_\mathrm{s}}\frac{1}{l_\mathrm{k}}\right)^{1/2} \tag{1.42}$$

式中,v_w 为展成速度;v_s 为砂轮速度;a_p 为磨削深度;N 为砂轮单位面积有效磨粒数;l_k 为磨削接触弧长。

第 2 章　共轭曲面齿轮建模与磨削温度场

2.1　共轭曲面齿轮模型

2.1.1　螺旋锥齿轮模型

1. 螺旋锥齿轮实体模型

螺旋锥齿轮无法用一个直观的齿面方程来描述齿面,大、小齿轮的轮齿表面是由制造齿轮所用的机床调整参数和刀盘参数用矢量方法来描述的。在螺旋锥齿轮的切齿计算中,总是首先确定大轮(被动齿轮)齿面的几何结构,然后求出与大轮完全共轭的小轮齿面,最后计算出螺旋锥齿轮齿面网格点坐标,从而得到螺旋锥齿轮大、小轮的实体模型[3]。

1) 螺旋锥齿轮大轮的齿面方程

螺旋锥齿轮大轮加工的坐标系与几何关系如图 2.1 所示,在机床摇台上建立一个坐标系 $\sigma_2 = \{O; i, j, k\}$,其中 $i\text{-}j$ 平面是机床平面,k 的正方向指向摇台体外。如大轮刀盘的名义半径为 r_0,刀顶距为 W_2,则加工大轮凹面的外刀和加工凸面的内刀的刀尖半径 r_{02} 为

$$r_{02} = r_0 \pm \frac{1}{2} W_2 \tag{2.1}$$

式中,"±"中"＋"表示加工大轮凹面的外刀,"－"表示加工大轮凸面的内刀。

设 M_0 是内刀尖顶点,M 是刀盘切削面上任意一点,O_cM 与 OO_c 的夹角为 $90° - \theta_2$(θ_2 称为 M 点的相位角),$\overrightarrow{MM_0} = s_2$,$M$ 点的单位法矢为 n_2,沿母线方向的单位矢量为 t_2,矢量在坐标系 σ_2 中分别表示为

$$n_2 = \cos\alpha_{02}\sin(q_2 - \theta_2)i - \cos\alpha_{02}\cos(q_2 - \theta_2)j - \sin\alpha_{02}k \tag{2.2}$$

$$t_2 = \sin\alpha_{02}\sin(q_2 - \theta_2)i - \sin\alpha_{02}\cos(q_2 - \theta_2)j + \cos\alpha_{02}k \tag{2.3}$$

$$\overrightarrow{OM_0} = [S_2\cos q_2 + r_{02}\sin(q_2 - \theta_2)]i + [S_2\sin q_2 - r_{02}\cos(q_2 - \theta_2)]j \tag{2.4}$$

大轮的刀盘切削面上任意一点 M 的坐标,即刀盘切削面的方程 r_{c2} 为

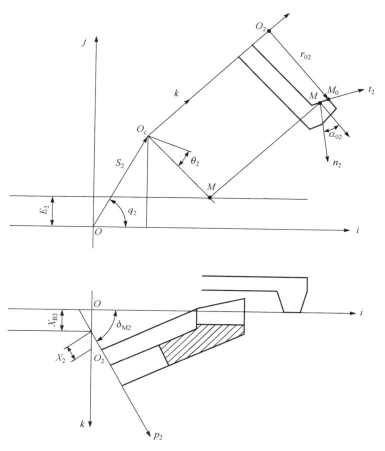

图 2.1　螺旋锥齿轮大轮加工坐标系与几何关系

O-机床中心；O_c-刀盘中心；O_2-大轮设计的交叉点；p_2-大轮轴线；k-摇台轴线；X_2-水平轮位；
X_{B2}-床位；E_2-垂直轮位；δ_{M2}-轮坯安装角；S_2-径向刀位；q_2-角向刀位

$$r_{c2} = \overrightarrow{OM} = \overrightarrow{OM_0} - s_2 t_2$$
$$= [S_2 \cos q_2 + r_{02} \sin(q_2 - \theta_2) - s_2 \sin \alpha_{02} \sin(q_2 - \theta_2)] i$$
$$+ (S_2 \sin q_2 - r_{02} \cos(q_2 - \theta_2) + s_2 \sin \alpha_{02} \cos(q_2 - \theta_2)) j - s_2 \cos \alpha_{02} k \quad (2.5)$$

大轮的刀盘切削面在 M 点沿齿长方向 $t_2 \times n_2$ 的法曲率为 A_{02}、短程挠率为 C_{02}，沿齿高方向 t_2（切线方向）的法曲率为 B_{02}，则有

$$A_{02} = -\frac{\cos \alpha_{02}}{|r_{02}| - |s_2| \sin \alpha_{02}}, \quad B_{02} = 0, \quad C_{02} = 0 \quad (2.6)$$

由式(2.5)确定的刀盘切削面方程，即向量 $\overrightarrow{OM}$ 的曲面参数为 s_2 和 θ_2。在加工过程中摇台在转动，角向刀位 q_2 是变化的，对每一个 q_2 值，都可确定一个切削

面,故由 $\overrightarrow{OM}$ 确定的切削面是一个不断运动的曲面。

设产形轮的旋转轴线,即摇台轴线为 k,大轮的轴线方向为 p_2,令 $\overrightarrow{O_2O}=m_2$,由图 2.1 可知,它们在坐标系 σ_2 中的向量表示为

$$p_2=\cos\delta_{M2}i+\sin\delta_{M2}k \tag{2.7}$$

$$m_2=-X_2\cos\delta_{M2}i-E_2j-(X_2\sin\delta_{M2}+X_{B2})k \tag{2.8}$$

由齿轮啮合原理可知,大轮齿面是产形面的共轭曲面,以产形面为第一曲面,大轮齿面为第二曲面,设产形轮的角速度 $\omega_1=k$,大轮的角速度 $\omega_2=i_{02}p_2$,可得在 M 点的相对角速度 ω_{12} 和相对速度 v_{12} 分别为

$$\omega_{12}=\omega_1-\omega_2=k-i_{02}p_2 \tag{2.9}$$

$$v_{12}=\omega_{12}\times\overrightarrow{OM}-i_{02}p_2\times m_2 \tag{2.10}$$

将式(2.10)代入啮合方程 $v_r n_1=0$,有

$$v_{12}n_2=0$$

$$(\omega_{12},\overrightarrow{OM_0},n_2)-s_2(\omega_{12},t_2,n_2)-i_{02}(p_2,m_2,n_2)=0 \tag{2.11}$$

由式(2.11)可解得参数 s_2 为

$$s_2=\frac{(\omega_{12},\overrightarrow{OM_0},n_2)-i_{02}(p_2,m_2,n_2)}{(\omega_{12},t_2,n_2)} \tag{2.12}$$

由式(2.12)可知,s_2 是 q_2 和 θ_2 的函数。将 s_2 代入式(2.5),则得到切削面上以 θ_2、q_2 为参数的接触线,也是大轮齿面上每一条瞬时的接触线,这些接触线的集合构成了大轮的齿面。

以大轮的设计交叉点 O_2 为原点,则大轮的齿面方程为

$$\overrightarrow{O_2M}=\overrightarrow{O_2O}+\overrightarrow{OM}=m_2+\overrightarrow{OM_0}-s_2t_2 \tag{2.13}$$

大轮齿面上 M 点沿齿长方向 $t_2\times n_2$ 的法曲率为 A_2、短程挠率为 C_2,沿齿高方向 t_2(切线方向)的法曲率为 B_2,则有

$$\begin{cases} A_2=A_{02}-\dfrac{(a_2,t_2,n_2)^2}{q_2n_2+a_2v_{12}} \\[3mm] B_2=-\dfrac{(a_2t_2)^2}{q_2n_2+a_2v_{12}} \\[3mm] C_2=-\dfrac{(a_2t_2)(a_2,t_2,n_2)}{q_2n_2+a_2v_{12}} \end{cases} \tag{2.14}$$

式中,$q_2n_2=(k\times r_{c2})(n_2\times\omega_{12})+(v_{12},k,n_2)$,$a_2=A_{02}v_{12}+\omega_{12}\times n_2$。

2) 螺旋锥齿轮小轮的齿面方程

螺旋锥齿轮小轮加工的坐标系 $\sigma_1=\{O';i_1,j_1,k_1\}$ 与几何关系如图 2.2 所示。

刀盘截面在 σ_1 中的投影方向为

$$b=\sin(q_1-j)i_1-\cos(q_1-j)j_1 \tag{2.15}$$

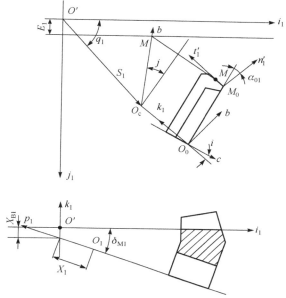

图 2.2　螺旋锥齿轮小轮加工的坐标系与几何关系

O'-机床中心；O_c-刀盘中心；O_1-小轮设计的交叉点；p_1-小轮轴线；k_1-产形轮轴线；c-刀盘轴线；

X_1-水平轮位；X_{B1}-床位；E_1-垂直轮位；δ_{M1}-轮坯安装角；S_1-径向刀位；q_1-角向刀位

设 M_0 是刀盘截面上的刀尖顶点，M 是刀盘切削面上任一点，沿母线 M_0M 方向的单位法矢为 n'_1，单位矢量为 t'_1，$\overrightarrow{O_0M_0}$ 记为 r'_0，其模长即小轮加工的刀尖半径 r_{01}，刀盘轴线为 c，这些矢量在坐标系 σ_1 中分别表示为

$$n'_1 = \cos(\alpha_{01}-i)\sin(q_1-j)i_1 - \cos(\alpha_{01}-i)\cos(q_1-j)j_1 - \sin(\alpha_{01}-i)k_1$$

(2.16)

$$t'_1 = \sin(\alpha_{01}-i)\sin(q_1-j)i_1 - \sin(\alpha_{01}-i)\cos(q_1-j)j_1 + \cos(\alpha_{01}-i)k_1$$

(2.17)

$$r'_0 = r_{01}\cos i\sin(q_1-j)i_1 - r_{01}\cos i\cos(q_1-j)j_1 + r_{01}\sin i k_1 \qquad (2.18)$$

$$c = \sin i\sin(q_1-j)i_1 - \sin i\cos(q_1-j)j_1 - \cos i k_1 \qquad (2.19)$$

将母线 M_0M 绕刀盘轴线 c 转一周，就得到刀盘切削面。设刀盘切削面上任一轴截面刀尖顶点处的法矢为 n_1，母线为 t_1，刀尖顶点矢量为 r_0，可将 n'_1、t'_1、r'_0 绕刀盘轴线 c 分别旋转 θ_1 得到，即

$$n_1 = (cn'_1)n'_1 + \cos\theta_1(c\times n'_1)\times c + \sin\theta_1(c\times n'_1) \qquad (2.20)$$

$$t_1 = (ct'_1)t'_1 + \cos\theta_1(c\times t'_1)\times c + \sin\theta_1(c\times t'_1) \qquad (2.21)$$

$$r_0 = (cr'_0)r'_0 + \cos\theta_1(c \times r'_0) \times c + \sin\theta_1(c \times r'_0) \qquad (2.22)$$

记 $r_{01} = \overrightarrow{O_1O_0} + r_0 = S_1\cos q_1 i_1 + S_1\sin q_1 j_1 + r_0$，$\overrightarrow{MM_0} = s_1$，则小轮的刀盘切削面上任意一点 M 点的坐标，即刀盘切削面的方程为

$$r_{c1} = r_{01} + s_1 t_1$$
$$= S_1\cos q_1 i_1 + S_1\sin q_1 j_1 + r_0 + s_1 t_1 \qquad (2.23)$$

小轮的刀盘切削面在 M 点沿齿长方向 $t_1 \times n_1$ 的法曲率为 A_{01}、短程挠率为 C_{01}，沿齿高方向 t_1（切线方向）的法曲率为 B_{01}，则

$$A_{01} = -\frac{\cos\alpha_{01}}{|r_{01}| + |s_1|\sin\alpha_{01}}, \quad B_{01} = 0, \quad C_{01} = 0 \qquad (2.24)$$

设产形轮绕其轴线 k_1 匀速旋转，小轮的轴线方向为 ρ_1，令 $\overrightarrow{O_1O'} = m_1$，由图 2.2 可知，它们在坐标系 σ_1 中的向量表示为

$$\rho_1 = -\cos\delta_{M1} i_1 + \sin\delta_{M1} k_1 \qquad (2.25)$$

$$m_1 = X_1 p_1 - E_1 j_1 + X_{B1} k_1$$
$$= -X_1\cos\delta_{M1} i_1 - E_1 j_1 + (X_1\sin\delta_{M1} + X_{B1})k_1 \qquad (2.26)$$

小轮齿面是产形面的共轭曲面，产形轮和小轮在 M 点的相对角速度 ω'_{12} 和相对速度 v'_{12} 分别为

$$\omega'_{12} = k_1 - \frac{\mathrm{d}\varphi_1}{\mathrm{d}t} p_1 \qquad (2.27)$$

$$v'_{12} = \omega'_{12} \times (S_1\cos q_1 i_1 + S_1\sin q_1 j_1 + r_0 + s_1 t_1) - \frac{\mathrm{d}\varphi_1}{\mathrm{d}t} p_1 \times m_1 \qquad (2.28)$$

将式(2.28)代入啮合方程 $v'_{12} n_1 = 0$，有

$$(\omega'_{12}, r_{01}, n_1) - s_1(\omega'_{12}, t_1, n_1) - \frac{\mathrm{d}\varphi_1}{\mathrm{d}t}(p_1, m_1, n_1) = 0 \qquad (2.29)$$

由式(2.29)可解得参数 s_1 为

$$s_1 = \frac{(\omega'_{12}, r_{01}, n_1) - \dfrac{\mathrm{d}\varphi_1}{\mathrm{d}t}(p_1, m_1, n_1)}{(\omega'_{12}, t_1, n_1)} \qquad (2.30)$$

由式(2.30)可知，s_1 是 q_1 和 θ_1 的函数。将 s_1 代入式(2.23)，得到切削面上以 θ_1、q_1 为参数的接触线，也是小轮齿面上每一条瞬时的接触线，这些接触线的集合构成了小轮的齿面。

以小轮的设计交叉点 O_1 为原点,则小轮的齿面方程为

$$\overrightarrow{O_1M} = r_1 = m_1 + r_{c1} = m_1 + r_{01} + s_1 t_1 \tag{2.31}$$

小轮齿面上 M 点沿齿长方向 $t_1 \times n_1$ 的法曲率为 A_1、短程挠率为 C_1,沿齿高方向 t_1(切线方向)的法曲率为 B_1,则有

$$\begin{cases} A_1 = A_{01} - \dfrac{(a_1, t_1, n_1)^2}{q_1 n_1 + a_1 v'_{12}} \\[3mm] B_1 = -\dfrac{(a_1 t_1)^2}{q_1 n_1 + a_1 v'_{12}} \\[3mm] C_1 = -\dfrac{(a_1 t_1)(a_1, t_1, n_1)}{q_1 n_1 + a_1 v'_{12}} \end{cases} \tag{2.32}$$

式中

$$q_1 n_1 = (k_1 \times r_{c1})(n_1 \times \omega'_{12}) + (v'_{12}, k_1, n_1) - \frac{\mathrm{d}^2 \varphi_1}{\mathrm{d}t^2}(p_1, r_1, n_1)$$

$$a_1 = A_{01} v'_{12} + \omega'_{12} \times n_1$$

3) 螺旋锥齿轮的实体建模

实体建模是利用一些基本体素,通过集合运算生成复杂形体的一种建模技术。目前使用较多的建模方法有空间分割表示法、B-rep 法、CSG 法、扫描表示法等[3]。

在螺旋锥齿轮实体建模时,先建立其单齿模型。单齿模型由工作齿面、前锥面、背锥面、轮毂两侧面及轮毂底面等六个面构成,而工作齿面又包括凹工作齿面、凸工作齿面、凹齿根过渡曲面、凸齿根过渡曲面、齿根曲面和齿顶曲面等。对于齿根曲面,其由刀盘的刀顶平面包络展成,而平面包络的成形计算比较简单、运算速度较快;齿顶曲面是一个标准的圆锥面,圆锥角就是齿轮的顶锥角,当工作齿面的网格节点构造完成后,将齿顶对应的节点以圆弧直接连接就构成了齿顶曲面,因此齿根曲面和齿顶曲面的构造方法比较简单。

齿根过渡曲面的构造要比其他曲面复杂得多,求解过程不稳定,一般采用由刀尖圆弧回转形成的圆环面包络方法来构造,由于圆环面的复杂性,求解过程极不稳定。由于刀盘切削面中锥面、刀尖圆弧曲面和刀顶平面之间都是平滑过渡的,具有 G^1 阶连续性,由刀盘切削面包络出来的齿轮工作齿面、齿根过渡曲面和齿根曲面也同样是平滑过渡的,也具有 G^1 阶连续性。由于刀尖圆弧尺寸很小,一般都不足 2mm,插值曲面的误差不会对齿轮性能分析造成影响。因此,这里采用四次 Hermite 插值方法来构造齿轮过渡曲面和端面曲线,该方法简单、实用可靠[10]。

在构造工作齿面时,主要是进行网格节点计算,计算网格节点一般有约束求解法和离散点插值法。约束求解法在求解约束方程组时可使用通用的优化程序,计

算时间比较长,计算过程不稳定,但计算方法比较简单,计算的齿面点就是所求的网格点,常用于精度要求比较高的网格节点计算。离散点插值法是根据齿面方程,由锥角 δ(如齿顶曲线为 $\delta=\delta_a$,齿根曲线为 $\delta=\delta_f$)和背锥的距离参数 C(如大端曲线为 $C=C_b$,小端曲线为 $C=C_s$)定义的矩形参数域来表达齿轮齿面,按需求进行网格划分,求出分布在这个参数域内或域周围的齿面点,并根据齿面点的数据进行插值计算,得到有边界且均匀分布的网格节点。该方法简单实用,不需要迭代,计算速度快,但通过插值得到的节点,其精度与插值方法和预先给定的齿面点数目密切相关。当齿面尺寸较大时可取较多的齿面点,如果离散的齿面点数目足够,这种方法求得的网格节点精度可以达到 0.001mm 以内。插值函数可采用 B 样条曲线、双三次样条曲线、NURBS 函数等[3]。

在螺旋锥齿轮的实体建模时,一般综合运用 B-rep、CSG 和扫描表示等实体建模方法,采用"自底向上"(由点、线、面到体)的实体建模思路,即通过齿面方程计算出螺旋锥齿轮的齿面点,采用离散点插值法得到网格节点坐标,将这些点拟合成样条曲线,然后先由曲线蒙皮构成曲面,再由封闭曲面生成单齿实体,最后由单齿模型沿圆周方向旋转复制得到整个螺旋锥齿轮的实体模型,用这种方法容易实现齿轮有限元模型参数化的自动生成。

螺旋锥齿轮工作齿面(凹面或凸面)上的节点取为 41×9,每次沿齿长方向对41 个离散点拟合 1 次后就生成一条曲线,依次沿齿高方向拟合 9 次后就得到 9 条样条曲线,再由这 9 条样条曲线蒙皮构成曲面,即生成工作齿面。对于节点数目的选取,要根据实际应用目的和硬件条件来决定。节点数目越多,齿面的精度越高,插值点的计算越精确;但节点数目的增加会使计算时间成倍增加。这里各曲面片网格节点的规范为:工作齿面 18×41(其中凸面 9×41,凹面 9×41);过渡曲面 10×41(其中凸面 5×41,凹面 5×41);齿根曲面 5×41;齿顶曲面 5×41。

在螺旋锥齿轮六轴五联动数控磨齿机上,弧齿锥齿轮副大轮用扩口杯砂轮成形法磨削。大轮基本参数和机床调整参数分别如表 2.1 和表 2.2 所示,小轮基本参数和机床调整参数分别如表 2.3 和表 2.4 所示。

表 2.1　弧齿锥齿轮成形法大轮基本参数

项目	参数	项目	参数
齿数 z_2	46,左旋	节锥距 R/mm	170.2828
模数 m/mm	8.22	节锥角 δ_2/(°)	71.9395
节圆直径 d_2/mm	378.12	根锥角 δ_{f2}/(°)	68.6585
螺旋角 β/(°)	35	齿面宽 b_2/mm	57.15
压力角 α/(°)	20	齿根高 h_{ef2}/mm	11.4
外锥距 R_e/mm	198.8578	齿顶高 h_{ea2}/mm	4.12

表 2.2 磨削弧齿锥齿轮大轮机床调整参数

项目	参数	项目	参数
刀盘名义直径 r_0/mm	152.4	角向刀位 q_2/(°)	56.42
刀具齿形角 α_p/(°)	22	床位 X_{B2}/mm	0
刀顶距 W_2/mm	5.08	垂直轮位 E_{02}/mm	0
轮坯安装角 γ_2/(°)	68.6585	轴向轮位 X_{g2}/mm	0
径向刀位 S_{r2}/mm	149.83	滚比 i_{02}	0.95

表 2.3 弧齿锥齿轮成形法小轮基本参数

项目	参数	项目	参数
齿数 z_1	15,右旋	节锥距 R/mm	170.2828
模数 m/mm	8.22	节锥角 δ_1/(°)	18.0605
节圆直径 d_1/mm	123.3	根锥角 δ_{f1}/(°)	16.4273
螺旋角 β/(°)	35	面锥角 δ_{a1}/(°)	21.3415
压力角 α/(°)	20	齿根高 h_{ef1}/mm	5.67
外锥距 R_e/mm	198.8578	齿顶高 h_{ea1}/mm	9.85

表 2.4 磨削弧齿锥齿轮小轮机床调整参数

项目	凹面参数	凸面参数
刀盘名义直径 r_0/mm	152.4	152.4
刀具齿形角 α_p/(°)	14	-31
轮坯安装角 γ_1/(°)	358.2094	355.5921
径向刀位 S_{r1}/mm	136.775	149.682
角向刀位 q_1/(°)	61.9167	54.5336
床位 X_{B1}/mm	35.6273	59.6701
垂直轮位 E_{01}/mm	-4.1909	5.079
轴向轮位 X_{g1}/mm	-6.6309	9.7967
滚比 i_{01}	2.8545	3.2252

根据以上弧齿锥齿轮副的基本参数和机床调整参数,得到大轮和小轮的实体模型[3],分别如图 2.3(a)和(b)所示。

2. 螺旋锥齿轮磨削有限元分析模型

根据成形法大轮的磨削原理,磨齿采用间歇分度加工法,顺序磨削齿轮的凹、凸面,可认为每个轮齿的磨削温度分布基本相同。因此,在进行磨削有限元分析模

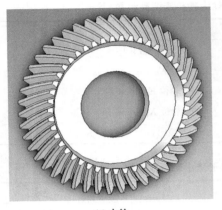 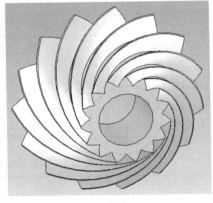

(a) 大轮　　　　　　　　　　　　　　　　(b) 小轮

图 2.3　弧齿锥齿轮副实体模型

型的建立时,可考虑采用单齿 3D 实体模型[3]。

　　建立螺旋锥齿轮磨削的有限元分析模型主要需对单齿 3D 实体模型进行网格划分,这里采用八节点六面体等参元的有限元 3D 网格模型单元进行网格划分,建立螺旋锥齿轮大轮单齿的 3D 有限元模型如图 2.4 所示。

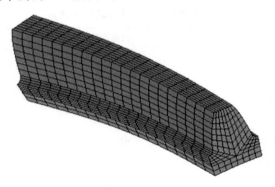

图 2.4　螺旋锥齿轮大轮单齿 3D 有限元模型

2.1.2　面齿轮模型

1. 面齿轮实体模型

1) 插齿刀齿面方程

　　根据碟形砂轮磨削面齿轮原理,虚拟插齿刀是替代小圆柱齿轮与面齿轮啮合展成加工出面齿轮齿面的,渐开线圆柱齿轮的齿面方程可表示刀具的齿面方程。

图 2.5 为渐开线刀具齿廓截面参数,设渐开线上任意一点的法矢为 n_s,插齿刀具的基圆半径为 r_{bs},任一点法矢与基圆切点到渐开线起始点之间的圆心角为 θ_s,刀具在齿槽上的对称线和渐开线起始点的夹角为 θ_{s0},ab 和 cd 是分别对应于刀具两侧齿槽的渐开线,u_s 为沿刀具轴线 z_s 的齿宽参数[7]。

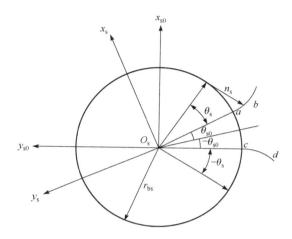

图 2.5　渐开线刀具齿廓截面参数

可得渐开线刀具齿面方程 r_s 为

$$r_s(u_s,\theta_s)=\begin{bmatrix} \pm r_{bs}\left[\sin(\theta_{s0}+\theta_s)-\theta_s\cos(\theta_{s0}+\theta_s)\right] \\ -r_{bs}\left[\cos(\theta_{s0}+\theta_s)+\theta_s\sin(\theta_{s0}+\theta_s)\right] \\ u_s \\ 1 \end{bmatrix} \quad (2.33)$$

式中,"$\pm$"号分别对应于渐开线 ab 和渐开线 cd;$\theta_{s0}=\pi/(2N_s)-(\tan\alpha_s-\alpha_s)$,$N_s$ 为插齿刀具的齿数,α_s 为插齿刀的压力角。

刀具齿面上任一点的单位法矢 n_s 可表示为

$$n_s=\begin{bmatrix} n_{sx} \\ n_{sy} \\ n_{sz} \end{bmatrix}=\frac{\pm\partial r_s/\partial\theta_s\times\partial r_s/\partial\mu_s}{|\partial r_s/\partial\theta_s\times\partial r_s/\partial\mu_s|}=\begin{bmatrix} \mp\cos(\theta_{s0}+\theta_s) \\ -\sin(\theta_{s0}+\theta_s) \\ 0 \end{bmatrix} \quad (2.34)$$

2) 面齿轮展成坐标系与转换矩阵

面齿轮展成坐标系如图 2.6 所示[8]。图中对面齿轮和插齿刀具的运动坐标系进行了重合处理,其中 $S_m(O_m\text{-}x_m y_m z_m)$ 与 $S_p(O_p\text{-}x_p y_p z_p)$ 都是固定坐标系,也是辅助坐标系;$S_s(O_s\text{-}x_s y_s z_s)$ 和 $S_2(O_2\text{-}x_2 y_2 z_2)$ 分别为插齿刀和面齿轮固连的坐标系,γ_m 是面齿轮与插齿刀具轴线的夹角,在加工过程中面齿轮和插齿刀具的转角分别表示为 φ_2 和 φ_s,两者的比值等于传动比 i_{2s},即 $i_{2s}=\varphi_2/\varphi_s=N_s/N_2=\omega_2/\omega_s$,$N_s$ 和 N_2 分别是插齿刀齿数和面齿轮齿数。

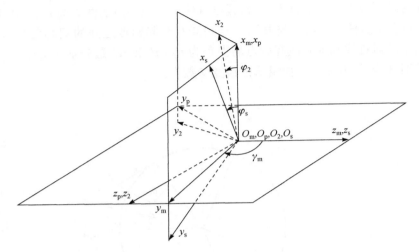

图 2.6　面齿轮展成坐标系

插齿刀坐标系 S_s 到辅助坐标系 S_m 的旋转矩阵变换式为

$$[M_{ms}] = \begin{bmatrix} \cos\varphi_s & -\sin\varphi_s & 0 & 0 \\ \sin\varphi_s & \cos\varphi_s & 0 & 0 \\ 0 & 0 & 1 & 0 \\ 0 & 0 & 0 & 1 \end{bmatrix} \tag{2.35}$$

两辅助坐标系 S_m 与 S_p 间的变换矩阵为

$$[M_{pm}] = \begin{bmatrix} 1 & 0 & 0 & 0 \\ 0 & \cos\gamma_m & -\sin\gamma_m & 0 \\ 0 & \sin\gamma_m & \cos\gamma_m & 0 \\ 0 & 0 & 0 & 1 \end{bmatrix} \tag{2.36}$$

辅助坐标系 S_p 到面齿轮坐标系 S_2 的变换矩阵为

$$[M_{2p}] = \begin{bmatrix} \cos\varphi_2 & \sin\varphi_2 & 0 & 0 \\ -\sin\varphi_2 & \cos\varphi_2 & 0 & 0 \\ 0 & 0 & 1 & 0 \\ 0 & 0 & 0 & 1 \end{bmatrix} \tag{2.37}$$

则插齿刀坐标系 S_s 到面齿轮坐标系 S_2 的变换矩阵为

$$M_{2s} = [M_{2p}][M_{pm}][M_{ms}] = [M_{s2}]^T = \begin{bmatrix} \cos\varphi_2\cos\varphi_s & -\sin\varphi_s\cos\varphi_2 & -\sin\varphi_s & 0 \\ -\sin\varphi_2\cos\varphi_s & \sin\varphi_s\sin\varphi_2 & -\cos\varphi_2 & 0 \\ \sin\varphi_s & \cos\varphi_s & 0 & 0 \\ 0 & 0 & 0 & 1 \end{bmatrix}$$

$$\tag{2.38}$$

通过式(2.38)可将插齿刀坐标系 S_s 下得到的刀具齿面方程(2.33)转化到面齿轮坐标系 S_2 下的齿面矢量方程。

3) 面齿轮磨削齿面方程

设面齿轮加工刀具齿面上一啮合点为 $p(x_s, y_s, z_s)$，p 在插齿刀坐标系 S_s 的位置矢量为 r_s，角速度矢量为 $\omega_p^{(s)}$，运动速度为 $v_p^{(s)}$。则其运动关系满足[7]：

$$v_p^{(s)} = \omega_p^{(s)} \times r_s \tag{2.39}$$

同理可得，啮合点 p 随面齿轮坐标系 S_2 的运动关系满足：

$$v_p^{(2)} = \omega_p^{(2)} \times r_s \tag{2.40}$$

由面齿轮在展成运动时角速度满足 $\varphi_2/\varphi_s = z_s/z_2 = i_{2s}$ 的传动比关系，可得啮合点 p 在插齿刀坐标系 S_s 中角速度 $\omega_p^{(s)}$ 与面齿轮坐标系 S_2 中角速度 $\omega_p^{(2)}$ 两者关系为

$$\omega_p^{(2)} = i_{2s} \cdot \omega_p^{(s)} \tag{2.41}$$

在面齿轮坐标系 S_2 与插齿刀坐标系 S_s 中，啮合点 p 的速度满足转换关系：

$$v_p^{(s)} = M_{s2} \cdot v_p^{(2)} = M_{2s}^T \cdot v_p^{(2)} \tag{2.42}$$

则在接触点的相对速度可以表示为

$$v_p^{(s2)} = v_p^{(s)} - v_p^{(2)} \tag{2.43}$$

联立式(2.38)～式(2.43)可得

$$v_p^{(s2)} = \omega_p^{(s)} \begin{bmatrix} -y_s - z_s i_{2s} \cos\varphi_s \\ x_s + z_s i_{2s} \sin\varphi_s \\ i_{2s}(x_s \cos\varphi_s - y_s \sin\varphi_s) \end{bmatrix} \tag{2.44}$$

由齿轮啮合原理可知

$$f(u_s, \theta_s, \varphi_s) = n_s \cdot v_p^{(s2)} = 0 \tag{2.45}$$

联立式(2.33)、式(2.34)、式(2.44)和式(2.45)可得

$$f(u_s, \theta_s, \varphi_s) = r_{bs} - u_s i_{2s} \cos\phi_\theta = 0 \tag{2.46}$$

式中，$\phi_\theta = \varphi_s \pm (\theta_{s0} + \theta_s)$。

联立式(2.33)与式(2.38)，可解得面齿轮齿面矢量方程表达式为

$$r_2(u_s, \theta_s, \varphi_s) = M_{2s} \cdot r_s(u_s, \theta_s) \tag{2.47}$$

通过联立式(2.46)、式(2.47)并消去在齿长方向的参数 u_s，即可得到面齿轮齿面矢量方程为

$$r_2(\theta_s, \varphi_s) = \begin{bmatrix} r_{bs}[\cos\varphi_2(\sin\phi_\theta \mp \theta_s \cos\phi_\theta) - \sin\varphi_2/(i_{2s}\cos\phi_\theta)] \\ -r_{bs}[\sin\varphi_2(\sin\phi_\theta \mp \theta_s \cos\phi_\theta) + \cos\varphi_2/(i_{2s}\cos\phi_\theta)] \\ -r_{bs}(\cos\phi_\theta \pm \theta_s \sin\phi_\theta) \end{bmatrix} \tag{2.48}$$

式中，$\varphi_2 = i_{2s}\varphi_s$，$\phi_\theta = \varphi_s \pm (\theta_{s0} + \theta_s)$；插齿刀基圆半径 $r_{bs} = m \cdot N_s \cdot \cos\alpha_s/2$，$\alpha_s$ 为刀具压力角，m 为刀具模数。

由式(2.48)可得到关于齿面参数 φ_s 和 θ_s 的面齿轮齿面方程，其中 φ_s 表示插齿

刀转角，θ_s 表示插齿刀具渐开线角度，通过对齿面方程求解计算，就可得到面齿轮齿面各坐标点位置。

4）面齿轮设计

根据式(2.48)可得到面齿轮的仿真齿面，如图 2.7 所示，轮齿从内径齿顶 A 端到外径齿顶 B 端，宽度呈缩小状态，在轮齿的内径齿根 L 区域又易产生根切现象，而外径齿顶部分易发生齿顶变尖现象，这些都对传动性能和使用寿命产生影响，限制了轮齿齿宽[7]。

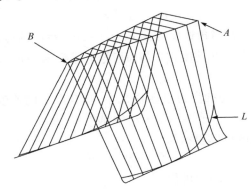

图 2.7　面齿轮仿真齿面

内径齿根不产生根切的最小内半径 R_1 可表示为[11]

$$R_1 = \sqrt{(x_2^*)^2 + (y_2^*)^2} = r_{bs}\sqrt{(\sin\phi_\theta^* \mp \theta_{as}\cos\phi_\theta^*)^2 + \frac{1}{i_{2s}^2\cos^2\phi_\theta^*}} \tag{2.49}$$

式中，x_2^* 和 y_2^* 为面齿轮齿面上的坐标点；$\phi_\theta^* = \varphi_s^* \pm (\theta_{s0} + \theta_{as})$，$\theta_{as}$ 为渐开线插齿刀具在齿顶的角度参数。

通常定义无量纲参数 $R_1^* = R_1/m_s$，称为面齿轮的最小内半径系数，其中 m_s 为插齿刀具的模数，则有

$$R_1^* = \frac{N_s \cdot \cos\alpha_s}{2}\sqrt{(\sin\phi_\theta^* \mp \theta_{as}\cos\phi_\theta^*)^2 + \frac{1}{i_{2s}^2\cos^2\phi_\theta^*}} \tag{2.50}$$

外径齿顶不发生齿顶变尖的最大外半径 R_2 可表示为[8]

$$R_2 = -y_2' = r_{bs}\left[\sin\varphi_2'(\sin\phi_\theta' \mp \theta_s'\cos\phi_\theta') + \frac{\cos\varphi_2'}{i_{2s}\cos\phi_\theta'}\right] \tag{2.51}$$

式中，$\varphi_2' = i_{2s}\varphi_s'$，$\phi_\theta' = \varphi_s' \pm (\theta_{s0} + \theta_s')$，$\theta_s'$、$\varphi_s'$ 和 y_2' 分别为齿顶不变尖处对应的 θ_s、φ_s 和 y_2 值。

定义无量纲参数 $R_2^* = R_2/m_s$，称为面齿轮的最大外半径系数，则有

$$R_2^* = \frac{N_s \cdot \cos\alpha_s}{2}\left[\sin\varphi_2'(\sin\phi_\theta' \mp \theta_s'\cos\phi_\theta') + \frac{\cos\varphi_2'}{i_{2s}\cos\phi_\theta'}\right] \tag{2.52}$$

面齿轮齿面由工作曲面和齿根过渡曲面组成,工作曲面由式(2.48)确定。齿根过渡曲面是由刀顶圆柱母线沿齿廓方向的交线包络形成的,齿面不存在根切时,齿根过渡曲面和工作曲面存在一条公切线(即图 2.7 中的曲线 L),可得到该曲线 L 在面齿轮坐标系 S_2 下的过渡曲面方程为

$$\begin{cases} x_2^*(\varphi_s) = r_{bs}\left[\cos\varphi_2(\sin\phi_\theta^* \mp \theta_s^*\cos\phi_\theta^*) - \dfrac{\sin\varphi_2}{i_{2s}\cos\phi_\theta^*}\right] \\[2mm] y_2^*(\varphi_s) = -r_{bs}\left[\sin\varphi_2(\sin\phi_\theta^* \mp \theta_s^*\cos\phi_\theta^*) + \dfrac{\cos\varphi_2}{i_{2s}\cos\phi_\theta^*}\right] \\[2mm] z_2^*(\varphi_s) = -r_{bs}(\cos\phi_\theta^* \pm \theta_s^*\sin\phi_\theta^*) \end{cases} \quad (2.53)$$

5) 面齿轮 3D 实体建模

在五轴联动数控磨床上磨削正交面齿轮,齿轮副基本参数如表 2.5 所示。面齿轮工作曲面和齿根过渡曲面分别由式(2.48)和式(2.53)确定,通过 MATLAB 数值计算得到离散点坐标,根据 Pro/E 的曲面/曲线文件导入要求,混合扫描得到面齿轮单侧齿面,然后对称得到另一面齿面齿形,通过设置相关参数得到面齿轮单齿模型,最后通过阵列得到面齿轮实体模型,如图 2.8 所示[8]。

表 2.5　正交面齿轮基本参数

参数	数值	参数	数值
面齿轮齿数 z_2	86	齿根系数 c^*	0.25
小轮齿数 z_s	23	齿顶系数 h_a^*	1.00
模数 m/mm	3.5	面齿轮内半径 R_1/mm	140
压力角 α/(°)	20	面齿轮外半径 R_2/mm	170

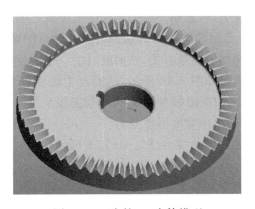

图 2.8　面齿轮 3D 实体模型

2. 面齿轮磨削有限元分析模型

在建立面齿轮的有限元分析模型时,主要需对其单齿 3D 实体模型进行网格划分,这里选用 SOLID95 单元类型进行网格划分,建立面齿轮单齿 3D 有限元模型[11],如图 2.9 所示。

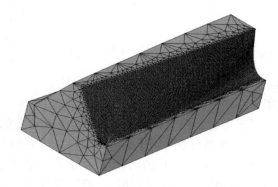

图 2.9　面齿轮单齿 3D 有限元模型

2.2　磨削力数学模型

2.2.1　螺旋锥齿轮磨削力数学模型

磨削力是砂轮磨削工件时由于砂轮的磨削刃和工件材料接触而产生的物理现象,它一般存在三个分力,即沿砂轮的法向磨削分力 F_n、切向磨削分力 F_t 和纵向磨削分力 F_a。其中,F_a 较小,可忽略不计;由于砂轮表面上的磨粒具有较大的负前角,使 F_n 大于 F_t,F_t 主要影响磨削时的动力消耗和磨粒的磨损,而 F_n 主要与砂轮工件之间的接触变形和加工质量有关,是磨削时的一个主要参数[12]。

螺旋锥齿轮磨削机理如图 2.10 所示,从磨削力的物理意义上,单位宽度法向磨削分力 F_n' 及单位宽度切向磨削分力 F_t' 由单位宽度成屑分力(F_{nch}'、F_{tch}')、单位宽度耕犁分力(F_{npl}'、F_{tpl}')和单位宽度滑擦分力(F_{nsl}'、F_{tsl}')三部分组成[12],即

$$\begin{cases} F_n' = F_{nch}' + F_{npl}' + F_{nsl}' \\ F_t' = F_{tch}' + F_{tpl}' + F_{tsl}' \end{cases} \tag{2.54}$$

单位宽度成屑切向分力 F_{tch}' 和单位宽度法向分力 F_{nch}' 可表示为

$$\begin{cases} F_{tch}' = \dfrac{u_{ch} v_w a'}{v_s} \\ F_{nch}' = k_{ch} F_{tch}' \end{cases} \tag{2.55}$$

式中，a' 为砂轮实际磨削深度，$a' = a_p - \Delta a_T$；k_{ch} 为成屑模型常数；u_{ch} 为比成屑能，钢的 u_{ch} 约为 13.8J/mm³。

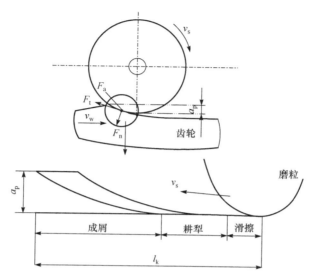

图 2.10　螺旋锥齿轮磨削机理

单位宽度耕犁法向分力 F'_{npl} 可表示为

$$F'_{npl} = k_{pl} F'_{tpl} \tag{2.56}$$

式中，k_{pl} 为耕犁模型常数；F'_{tpl} 为单位宽度耕犁切向分力，钢的 F'_{tpl} 值约为 1N/mm。

单位宽度滑擦法向分力 F'_{nsl} 和单位宽度滑擦切向分力 F'_{tsl} 与磨平面积成正比，可表示为

$$\begin{cases} F'_{nsl} = p_c A_g b l_k \\ F'_{tsl} = \mu F'_{nsl} \end{cases} \tag{2.57}$$

式中，μ 为滑擦摩擦系数；p_c 为磨平平面与工件之间的平均接触压力，可表示为

$$p_c = k_{sl} k_r \tag{2.58}$$

其中，k_{sl} 为滑擦模型系数；k_r 为砂轮表面与齿面接触处的相对曲率，可表示为

$$k_r = 4 \frac{v_w}{d'_s v_s} \tag{2.59}$$

式中，d'_s 为砂轮变形后的等效直径，$d'_s = (d_w + d_s)/(d_w d_s)$，其中 d_s 为砂轮直径，d_w 为磨处齿面的曲率直径。

由式(2.54)～式(2.59)可得，单位宽度法向磨削分力 F'_n 和单位宽度切向磨削分力 F'_t 分别为[12]

$$
\begin{cases}
F_{\mathrm{n}}' = k_{\mathrm{ch}}\dfrac{u_{\mathrm{ch}}v_{\mathrm{w}}a'}{v_{\mathrm{s}}} + k_{\mathrm{pl}}F_{\mathrm{tpl}}' + k_{\mathrm{sl}} \cdot 4\,\dfrac{v_{\mathrm{w}}}{d_{\mathrm{s}}'v_{\mathrm{s}}}A_{\mathrm{g}}bl_{\mathrm{k}} \\[4mm]
F_{\mathrm{t}}' = \dfrac{u_{\mathrm{ch}}v_{\mathrm{w}}a'}{v_{\mathrm{s}}} + F_{\mathrm{tpl}}' + \mu k_{\mathrm{sl}} \cdot 4\,\dfrac{v_{\mathrm{w}}}{d_{\mathrm{s}}'v_{\mathrm{s}}}A_{\mathrm{g}}bl_{\mathrm{k}}
\end{cases}
\tag{2.60}
$$

2.2.2　面齿轮磨削力数学模型

　　碟形砂轮磨削面齿轮时有分度运动、展成运动、切削运动、进给运动等。分度运动为间歇运动,在磨削某一个齿面时,分度运动不产生磨削力。根据碟形砂轮磨削面齿轮加工原理(图 1.18),齿面磨削包络方式如图 2.11 所示,当砂轮在齿面形成某一磨削轨迹 Σ_1 或 Σ_2 时,机床 B 轴暂时静止;当机床 B 轴转动(即砂轮的安装角度 ψ_{B} 变化)与面齿轮自转共同形成展成运动时,则砂轮由形成当前磨削轨迹的状态(Σ_1)进入另一磨削轨迹的状态(Σ_2),这说明齿面上某一磨削轨迹(如 Σ_1 或 Σ_2)的形成过程中,展成运动不参与磨削力的产生[9]。

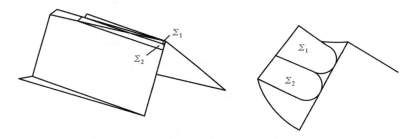

图 2.11　面齿轮齿面磨削包络方式

　　面齿轮齿面上各点处的曲率不同且较小(0.02mm^{-1} 以下),求解面齿轮磨削力时可将齿面等效转化为平面进行考虑。由于齿轮压力角的存在,可将面齿轮磨削瞬时接触齿面等效为一倾斜的平面。根据 Guo 的倾斜面磨削理论,面齿轮磨削等效模型如图 2.12 所示。砂轮径向磨削深度为 a_{p},被磨处齿轮压力角为 α,磨削区砂轮磨削宽度 b 上任意点沿 α 余角方向(β 角)的投影截面上等效接触形状为椭圆形,磨削深度 a_{p} 变化为 $a_{\mathrm{p}}\sin\alpha$,面齿轮磨削力可表示为有效磨粒总数与单颗磨粒受力之积。

　　磨削面齿轮与磨削螺旋锥齿轮一样,砂轮磨粒在齿面经过滑擦、耕犁和成屑等过程以去除材料,面齿轮磨削力也由滑擦力、成屑力和耕犁力组成。由于耕犁力较小,可忽略其影响;磨削力在空间分解为三个分力,即沿砂轮的切向磨削分力 F_{t}、法向磨削分力 F_{n} 和纵向磨削分力 F_{a},其中 F_{a} 较小,可忽略不计。

1. 单颗磨粒滑擦力模型

　　在磨削滑擦阶段,磨粒切削刃与工件表面开始接触,使工件材料发生弹性变

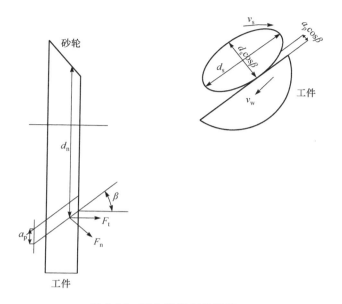

图 2.12　面齿轮磨削等效模型

形,磨粒微切削刃不起切削作用。Hokkirigawa 等建立的单颗磨粒滑擦力 F_h 计算模型为

$$
\begin{cases}
F_{th} = \mu \cdot S \cdot HV \\
F_{nh} = S \cdot HV
\end{cases}
\tag{2.61}
$$

式中,F_{th} 为单颗磨粒切向滑擦分力;F_{nh} 为单颗磨粒法向滑擦分力;HV 为材料的维氏硬度;S 为单颗磨粒与工件的接触面积,$S = \dfrac{\pi}{2} \dfrac{1}{4} d_g^2$;$\mu$ 为摩擦系数,与工件材料有关。

2. 单颗磨粒成屑力模型

对于单颗磨粒的成屑力,在进行受力分析时将单颗磨粒设定为具有 2θ 顶角的圆锥体。如图 2.13(a)所示,当磨粒以平均磨削深度 $\bar{a}_g$ 切入工件表面时,垂直作用于磨粒锥面上的成屑力 dF_g 分布如图 2.13(c)中箭头所示。由图 2.13(a)可以看出,dF_g 分解为切向成屑分力 dF_{tg}、法向成屑分力 dF_{ng},作用于磨粒圆锥面上的微小面积 dA(图 2.13(b)中阴影部分)上的成屑力 dF_g 为

$$
dF_g = F_p dA \cos\theta \cos\varphi
\tag{2.62}
$$

式中,F_p 为单位磨削力,dA 为切削力 dF_g 作用于圆锥面上的微小面积,φ 为切削力 dF_g 与磨削方向的夹角。

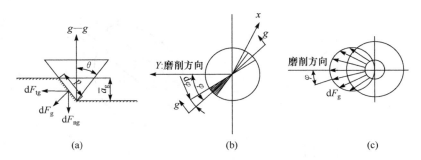

图 2.13　单颗磨粒成屑切削受力示意图

设磨粒母线与工件接触的长度为 ρ，则 dA 为

$$dA = \frac{1}{2}\rho^2 \sin\theta d\varphi \tag{2.63}$$

在圆锥面上单颗磨粒所受的切向成屑分力 dF_{tg} 和法向成屑分力 dF_{ng} 为

$$\begin{cases} dF_{tg} = dF_g \cos\theta\cos\varphi \\ dF_{ng} = dF_g \sin\theta \end{cases} \tag{2.64}$$

整个磨粒所受的切向成屑分力和法向成屑分力为

$$\begin{cases} F_{tg} = \int_{-\frac{\pi}{2}}^{\frac{\pi}{2}} \frac{dF_{tg}}{d\varphi} d\varphi = \frac{\pi}{4}\rho^2 \sin\theta\cos^2\theta = \frac{\pi}{4}F_p \bar{a}_g^2 \sin\theta \\ F_{ng} = \int_{-\frac{\pi}{2}}^{\frac{\pi}{2}} \frac{dF_{ng}}{d\varphi} d\varphi = \rho^2 \cos\theta\sin^2\theta = F_p \bar{a}_g^2 \sin\theta\tan\theta \end{cases} \tag{2.65}$$

磨削工件时作用在单位切削面积上的主切削力为单位磨削力 F_p（单位为 N/mm²），其计算公式为

$$F_p = \sigma_0 (\bar{a}_g^2 \tan\theta)^{-\xi} \tag{2.66}$$

式中，σ_0 为单位磨削力常数，与工件材料有关；ξ 为无量纲指数，其取值范围为 $\xi \in$ (0.5, 0.9)。

3. 面齿轮磨削力数学模型

根据单颗磨粒滑擦力、单颗磨粒成屑力模型，将其叠加后，得出面齿轮磨削力数学模型为

$$\begin{cases} F_t = DN(F_{tg} + F_{th}) \\ F_n = DN(F_{ng} + F_{nh}) \end{cases} \tag{2.67}$$

式中，F_t 为切向磨削分力；F_n 为法向磨削分力。

2.3　磨削热数学模型

磨削热环境是磨削时由各种热源引起的磨削温度的一个集合。磨削热源可分为内部热源和外部热源两大类。内部热源包括磨削区的磨齿热和磨床工作时运动副产生的摩擦热;外部热源是指环境温度的变化和各种热辐射(阳光、照明等)。磨床工作时运动副产生的摩擦热,当磨齿机结构一定以及机床达到热平衡后,其产生的温度场基本恒定;外部热源随环境变化,但对于具体的磨削环境是一定的,因此可将外部热源温度看成一个常值[3]。

磨齿热是由大量无规则离散分布在砂轮表面的磨粒完成的滑擦、耕犁、切削作用的随机综合。从磨削热效应看,正在进行磨削的每一颗磨粒可看成一个不断发出热量的点热源,由于砂轮线速度高,切除单位体积金属消耗的能量也高,而磨削的容屑情况差,冷却液难以进入磨削区,从而使较多的热量传入工件。

2.3.1　磨削热量分配比

1. 螺旋锥齿轮磨削热量分配比

在螺旋锥齿轮的磨削过程中,由于磨削速度高、磨削时间短、磨屑细,可认为沿磨削区域的砂轮和工件接触表面每一对应点的温度是相等和连续的,磨削热分别传递给磨粒、工件和磨削液[13]。应用 Guo 提出的单磨粒热模型,将磨粒设为圆锥体,传入工件的磨削热量分配比 R_w 为

$$R_w = \frac{1}{1 + 1.06 A_g \left[(k\rho C)_g / (k\rho C)_w \right]^{0.5} \left[\gamma \pi \alpha_g l_k C_a / (2 A_g b \upsilon_w) \right]^{0.5}} \quad (2.68)$$

式中,$(k\rho C)_g$ 为磨粒的平均热特性;$(k\rho C)_w$ 为工件的平均热特性;γ 为磨粒的几何特性;α_g 为磨粒的热扩散率;C_a 为砂轮表面的有效磨粒数。

从式(2.68)可以看出,R_w 与砂轮(磨粒)特性、工件特性、展成速度 υ_w、磨粒使用状况(破损率、有效磨粒数)、接触弧长 l_k 和接触宽度 b 等有关,磨削液对后三种因素影响较大,因而对 R_w 的影响也较大,施加磨削液后可减少传入工件的热量[13]。

考虑砂轮磨粒的有效磨平面积 A_g 等因素,Malkin 的实验结果为

$$R_w = (0.6 + 0.05 A_g) \times 100\% \quad (2.69)$$

对于螺旋锥齿轮大轮的磨削,理论公式(2.68)与实验结果即式(2.69)的误差在 10% 以内。

2. 面齿轮磨削热量分配比

面齿轮磨削过程中磨削时间短、磨削速度高,可将磨削过程中工件与砂轮接触

的每一对应点的温度视为是连续的。干磨下传入工件的磨削热量分配比 R_w 为[14]

$$R_w = \left[1 + \frac{0.97\lambda_g}{\beta_w \sqrt{r_e v_s}}\right]^{-1} \tag{2.70}$$

式中，r_e 为磨粒接触有效半径；λ_g 为砂轮磨粒导热系数；β_w 为工件材料的热特性。

　　磨削液对磨粒使用状况（破损率、有效磨粒数）、磨削接触弧长和接触宽度等影响较大，因而对 R_w 的影响也较大，施加磨削液后可减少传入工件的热量[14]。一般有磨削液时，$R_w = 0.6 \sim 0.9$。

2.3.2　磨削热流量

　　磨削时，砂轮沿着工件表面移动，磨削产生的热源也以同样的速度沿工件移动。由于磨削接触弧长较小，所以可将磨削热问题看成一个带状热源在半无限体表面上移动，运用 Jaeger 热源理论，磨削热载荷考虑采用呈矩形分布的移动线热源，螺旋锥齿轮和面齿轮的磨削热流量 q 为[15]

$$q = R_w \frac{F_t(v_s \pm v_w)}{bl_k} \tag{2.71}$$

式中，逆磨时取"＋"号，顺磨时取"－"号。

2.4　磨削温度场有限元仿真分析

　　磨削温度场是磨削时由各种热源引起的磨削温度在空域和时域分布的集合，可看成一个由非稳态温度场（随空间和时间变化）到稳态温度场（只随空间变化）的渐变过程，而在某一时刻的磨削最高温度是由一非稳态的瞬时传热过程形成的，对共轭曲面齿轮磨削表面性能的影响较大。

2.4.1　磨削温度场有限元分析方法

　　磨削温度受磨削加工参数（如磨削用量）、磨削弧内磨削液的状态、磨削弧内较大的温度变化对磨削弧内冷却液的流换热系数影响以及砂轮和工件本身变化的物理性能参数等因素的影响，且相互作用复杂，所以选择基于热传导和热弹塑性理论进行研究，通过数值有限元法进行分析，是一种有效的途径[3]。

1. 磨削热传导偏微分方程和定解条件

　　由于磨削深度与工件厚度及磨削接触弧长相比很小，且磨齿中磨屑带走的热量很少，所以可将其看成一个无内热源的不稳定三维传热问题，各向同性介质在整个空间域 Ω 内直角坐标系下的热传导微分方程为[16]

$$\rho c\,\frac{\partial T}{\partial \tau}=\lambda\left(\frac{\partial^{2} T}{\partial x^{2}}+\frac{\partial^{2} T}{\partial y^{2}}+\frac{\partial^{2} T}{\partial z^{2}}\right),\quad \text{在}\ \Omega\ \text{内} \tag{2.72}$$

式中，ρ 为材料密度；c 为材料比热容；τ 为时间；λ 为材料热导率；Ω 为空间域。

以成形法螺旋锥齿轮大轮磨削为例，由于采用间歇分度加工法，顺序磨削齿轮的凹、凸面，可认为每个轮齿的磨削温度分布基本相同，其磨削温度场的定解条件如下[16]。

1）初始条件

初始条件又称时间条件，它给出时间 $\tau=0$ 时物体内部的温度分布规律，对于非稳态导热过程，$T_{\tau=0}=f(x,y,z)$。

2）边界条件

选择基于如图 2.14 所示的齿根圆以下一定深度内的上面轮齿部分。

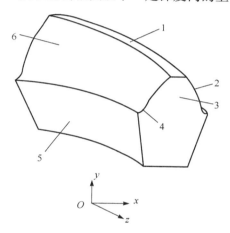

图 2.14　螺旋锥齿轮大轮磨削温度场模型的边界条件
1-齿顶；2-齿形；3-小端；4-齿根；5-轮毂；6-齿面

（1）磨齿区（凹面区或凸面区，称为 M 区）温度的特定边界条件，其数学形式为

$$-\lambda\left(\frac{\partial T}{\partial x}\right)=\alpha_{t}(T-T_{0})-q \tag{2.73}$$

（2）非磨齿区（含齿顶面等未磨削齿面，称为 N 区）温度的特定边界条件，其数学形式为

$$-\lambda\left(\frac{\partial T}{\partial n}\right)=\alpha_{t}(T-T_{0}) \tag{2.74}$$

（3）对流换热区（齿大端或小端面，称为 S 区）的特定边界条件，其数学形式为

$$-\lambda\left(\frac{\partial T}{\partial n}\right)=\alpha_{s}(T-T_{0}) \tag{2.75}$$

另外,在分齿截面(轮毂左截面 p 区与轮毂右截面 q 区),有

$$T|_p = T|_q, \quad \partial T/\partial n|_p = \partial T/\partial n|_q \tag{2.76}$$

在轮齿底部分截面(d 区),有

$$\partial T/\partial n = 0 \tag{2.77}$$

式(2.73)~式(2.77)中, α_t 为磨齿区域的换热系数, α_s 为非磨齿区域的换热系数, T_0 为磨削弧区外周围的环境温度, n 为热交换面的外法矢。

2. 磨削温度场的有限元表示

根据有限元法的离散原理,磨削温度场的场函数 T 既是单齿模型的整个空间域 Ω 的函数,又是时间域 τ 的函数。将整个单齿空间域离散化分成有限个单元,每个单元都应该满足热传导方程;每个单元又都是由若干个节点组成的,单元内部某一点的温度可由节点温度与形函数的乘积得到,这样整个温度场就可以用节点温度来表示[16]。

偏微分方程(2.72)可用变分形式表示,其泛函为

$$I(T) = \iiint_{\Omega} \left[\frac{\lambda}{2}\left(\frac{\partial T}{\partial x}\right)^2 + \frac{\lambda}{2}\left(\frac{\partial T}{\partial y}\right)^2 + \frac{\lambda}{2}\left(\frac{\partial T}{\partial z}\right)^2 + \rho c \frac{\partial T}{\partial \tau} \cdot T \right] \mathrm{d}x\mathrm{d}y\mathrm{d}z$$
$$+ \iint_{\sum M} \left[\alpha_t\left(\frac{T}{2} - T_0\right) - q \right] T \mathrm{d}S + \iint_{\sum N} \alpha_t\left(\frac{T}{2} - T_0\right) T \mathrm{d}S + \iint_{\sum S} \alpha_s\left(\frac{T}{2} - T_0\right) T \mathrm{d}S \tag{2.78}$$

式中, $\sum M$、 $\sum N$ 和 $\sum S$ 为 Ω 的边界;dS 为微面积。

式(2.78)中的泛函 I 可以表示为 E 个单元的 I^e 之和,即

$$I = \sum_{e=1}^{E} I^e \tag{2.79}$$

每个单元都可看成计算区域 Ω 内的一个子域 Ω^e,每个子域内都有类似于式(2.78)的单元泛函 $I^e(T)$。而每个单元可以用各节点的温度插值函数来计算。采用八节点六面体作为基本单元,则温度插值函数为

$$T(x,y,z,\tau) = \sum_{i=1}^{8} N_i(x,y,z,\tau) T_i \tag{2.80}$$

式中, $N_i(x,y,z,\tau)$ 和 T_i 分别为单元内节点 i 的形函数和节点温度,8 表示单元内的节点数。

而其中形函数 $N_i(x,y,z,\tau)$ 为

$$N_i(x,y,z,\tau) = (1+x_ix)(1+y_iy)(1+z_iz)/8, \quad i=1,2,\cdots,8 \tag{2.81}$$

将式(2.81)代入单元泛函中,则单元泛函 $I^e(T)$ 就化成了单元各节点温度的多元函数;再将单元泛函 $I^e(T)$ 代入式(2.79)中,就将整个计算区域的泛函 $I(T)$ 化成了所有节点温度的多元函数,即

$$I = \sum_{e=1}^{E} I^e = \sum_{e=1}^{E} f(N_i(x,y,z,\tau)T_i) = F(x,y,z,T_1,T_2,\cdots,T_{mz}) \quad (2.82)$$

式中,mz 为 Ω 内所划分成的节点总个数。

为了使泛函 I 最小,利用必要条件,即

$$\frac{\partial I}{\partial T_k} = \sum_{e=1}^{E} \frac{\partial I^e}{\partial T_k} = 0, \quad k = 1,2,\cdots,mz \quad (2.83)$$

式中,每个单元的泛函 I^e 对单元内各节点温度的偏导数 $\partial I^e/\partial T_k$ 可用单元矩阵表示,把这些单元矩阵组合起来,可得磨削温度场的总热传导矩阵 $[K]$、总比热容矩阵 $[C]$、总节点热流量 $[Q]$。设 $[T]$ 为磨削温度场温度列矩阵,则 Ω 内非稳态温度场的总体热平衡方程组为

$$[K][T] + [C][\partial T/\partial \tau] = [Q] \quad (2.84)$$

对式(2.84)在时间坐标上采用有限差分方法,即

$$(\partial T/\partial \tau)^{\tau} = (T^{\tau} - T^{\tau - \Delta \tau})/\Delta \tau \quad (2.85)$$

将式(2.85)代入式(2.84)后,计算非稳态温度场在 τ 时温度的基本递推公式为

$$[A][T]^{\tau} = [Q] + [A_0][T]^{\tau - \Delta \tau} \quad (2.86)$$

式中,$[A]=[K]+[C]/\Delta \tau$,$[A_0]=[C]/\Delta \tau$,$[T]^{\tau - \Delta \tau}$ 为初始时刻温度或前一时间步长结束时的温度。

3. 磨削温度场有限元仿真关键技术

采用有限元分析软件 ANSYS 进行有限元模型仿真时主要有如下关键技术[13]。

1) 力热耦合分析方法

力热耦合分析方法有直接法和间接法两种。由于间接法是先分析温度场,温度场模拟准确之后,保存温度场结果,再分析应力应变场,这样可以节省大量的时间,所以这里选用间接法进行分析较为合理、高效。

2) 磨削载荷的施加

在磨削过程中,为了同时加载体载荷(温度)和面载荷(热流量或换热系数),需在边界上加载体载荷,然后在边界上贴一层表面效应单元,以施加面载荷。

3) 模拟载荷的移动

仿真时,采用小步距移动来模拟载荷的移动,即按砂轮与工件的接触弧长 l_k 将磨齿面分为若干个载荷步,每个载荷步上的作用时间为 l_k/v_w,每个载荷步又分为若干个载荷子步;在第 n 个载荷步,磨削力及热流量直接作用在该载荷步区域的所有单元上,且以展成速度 v_w 沿齿面切向移动。

2.4.2　螺旋锥齿轮磨削温度场有限元仿真分析

以扩口杯砂轮磨削弧齿锥齿轮成形法大轮为例,其基本参数如表 2.1 所示,机

床调整参数如表 2.2 所示。大轮材料为 20CrMnTi,硬度为 58～62HRC,换热系数 $\alpha_t=500\mathrm{W/(m^2 \cdot K)}$,$\alpha_s=1100\mathrm{W/(m^2 \cdot K)}$。

磨齿工艺参数为:磨削用带 30°锥角、粒度为 60# 的扩口杯 SG 砂轮,磨削深度 $a_p=0.01\mathrm{mm}$,砂轮直径 $D=300\mathrm{mm}$,砂轮速度 $v_s=22.776\mathrm{m/s}$(即 1450r/min),展成速度 $v_w=4\mathrm{m/min}$,切出式逆磨。每个载荷步时间为 l_k/v_w,由式(2.68)计算磨削热量分配比 R_w,油基磨削液的 R_w 为 0.75,水基磨削液的 R_w 为 0.65。

经过力热耦合有限元求解后,在距小端较近磨削处采用油基磨削液、水基磨削液,以及在距大端较近磨削处采用油基磨削液、水基磨削液时,绘出的成形法大轮磨削瞬态的最后载荷步温度场分布云图,分别如图 2.15(a)～(d)所示,温度值分布范围分别为 59.981～213.46℃、59.988～178.637℃、59.985～189.364℃、59.983～177.068℃,最高温度均位于磨削弧的中点附近。

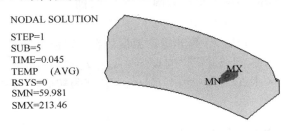

(a) 油基磨削液,近小端

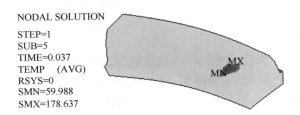

(b) 水基磨削液,近小端

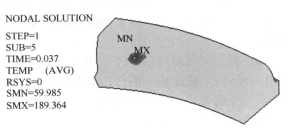

(c) 油基磨削液,近大端

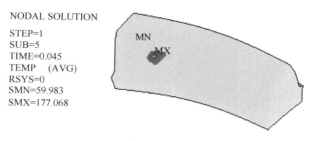

(d) 水基磨削液，近大端

图 2.15　螺旋锥齿轮大轮磨削瞬态的最后载荷步磨削温度场分布云图

　　为研究磨削瞬态温度随时间的变化规律，在距小端较近磨削处采用水基磨削液时，选取大轮轮齿上包括磨削弧中心节点（677）的四个不同的节点（677、683、1141、221），其磨削瞬态温度随时间变化曲线如图 2.16 所示。

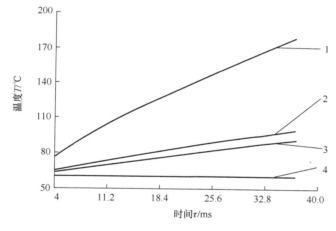

图 2.16　轮齿上不同节点瞬态温度随时间变化曲线（水基磨削液，近小端）
1-节点 677；2-节点 683；3-节点 1141；4-节点 221

　　由图 2.16 可知，对于磨削弧中心节点 677，由于热流密度载荷的聚集作用，在载荷时间内由初始温度很快上升到最高温度。对于与磨削弧中心有一定距离的其他节点，由于热流密度通过热传导或热对流的作用，从初始温度不同程度地上升到一定的温度。其中齿面上距磨削弧中心较近的节点 683 较快上升到次高的温度；在磨削弧中心的背面节点 1141，主要通过热传导，也较快上升到次高的温度；而距磨削弧中心较远的小端面上节点 221，由于热传导来的热流载荷很弱，而热对流的扩散作用很强，其温度几乎没有变化[13]。

　　为研究磨削温度场的温度梯度变化规律，在距大端较近磨削处分别采用油基磨削液、水基磨削液时，选取大轮齿面上沿齿长方向、与磨削弧中心节点（692）不同距离的五个节点（689、675、660、572、大端面上 37），它们的最后载荷步磨削温度曲线分别如图 2.17 和图 2.18 所示。

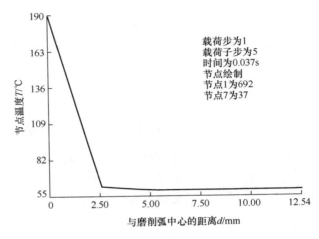

图 2.17　齿面上与磨削弧中心不同距离节点的最后载荷步磨削温度曲线（油基磨削液，近大端）

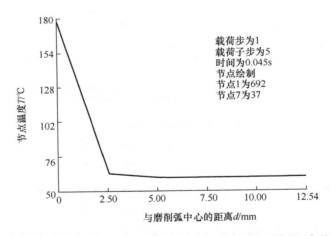

图 2.18　齿面上与磨削弧中心不同距离节点的最后载荷步磨削温度曲线（水基磨削液，近大端）

由图 2.17 和图 2.18 可以看出，在距磨削弧中心较近处，其磨削温度下降梯度大，而距离较远处下降趋缓。这是因为较近处的热流密度大，通过热对流和热传导的作用，使热流梯度下降快；而距离较远处，热流密度载荷的作用弱，温度下降趋缓。对于沿齿厚方向、与磨削弧中心不同距离的节点温度变化也有类似的规律，但主要是由热传导作用引起的[13]。

通过进一步比较分析还发现，在其他条件相同时，采用油基磨削液比采用水基磨削液的磨削瞬态最高温度高，在近小端磨削处比在近大端磨削处的磨削瞬态最高温度略高;磨削瞬态最高温度随 T_0、q 的增大而增大,而随 λ、α_t 及 α_s 和螺旋角 β 的增大而降低;另外,当磨削达到热平衡时,其磨削稳态温度远低于磨削瞬态最高温度。

2.4.3　面齿轮磨削温度场有限元仿真分析

磨削正交面齿轮设备为五轴联动数控磨床,采用碟形砂轮磨齿,磨削方式为逆式干磨,正交面齿轮材料为 18Cr2Ni4WA。正交面齿轮基本参数如表 2.5 所示,磨削工艺参数如表 2.6 所示。

表 2.6　正交面齿轮磨削工艺参数

砂轮速度 v_s/(m/min)	展成速度 v_w/(m/min)	磨削深度 a_p/mm	砂轮直径 D/mm	切向磨削力 F_t/N
20.6	1	0.02	100	76.148

在磨削温度场有限元仿真时,对于磨削载荷的施加,采用在边界上加载温度载荷之后,在边界上贴上一层表面效应单元用来施加热流量载荷。对于磨削载荷的移动,仿真时采用小步距移动法来模拟载荷的移动,即把砂轮与工件的接触弧长分成若干个载荷步,每个载荷步又分为 n 个子载荷步;当进行到第 n 个载荷步时,将热流量及磨削力载荷施加在该载荷步区域的所有单元上,并以展成速度 v_w 沿齿面切向运动[17]。

由于面齿轮齿面形状为空间曲面,同时磨削参数(如磨削接触宽度、磨削接触弧长、磨削力和磨削热流量等)在每个点各异,仿真分析时可根据旋转投影面对齿面网格沿齿长方向九等分、沿齿高方向五等分,共对 45 个点进行仿真,这里可选取具有代表性的 5 个点(A、B、C、D、E)进行分析,如图 2.19 所示。

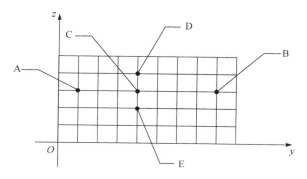

图 2.19　面齿轮磨削温度有限元仿真分析点

采用 ANSYS 软件进行温度场仿真时,需设置材料属性、瞬态温度分析的初始条件、热约束条件和热载荷,确定载荷步。由式(1.40)计算磨削接触弧长 $l_k=0.6682$mm,得到磨削热流量的加载时间 $t=l_k/v_w=0.0034$s,分 5 步,每个载荷步时间为 0.00068s;由式(2.70)得干磨时热量分配比 $R_w=0.886$,由式(2.71)计算磨削热流量 $q=2.2146\times10^7$ W/m²。经过求解仿真,得到齿面上 5 个点的磨削温度场分布云图如图 2.20 所示。

由图 2.20 可知,碟形砂轮干磨面齿轮时,在 $v_w=1$m/min、$a_p=0.02$mm、$v_s=20.6$m/s 的磨削工艺参数下,求解得到的齿面瞬态最高温度分别如下:A 点为 191.549℃,B 点为 321.161℃,C 点为 297.926℃,D 点为 220.398℃,E 点为 317.784℃。瞬态最高温度处于磨削热源的中心区域,这与矩形热源分布的规律相吻合。

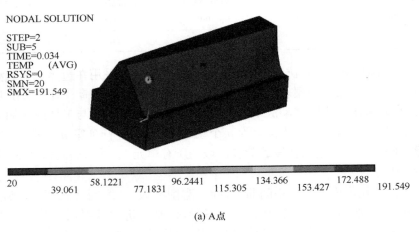

(a) A点

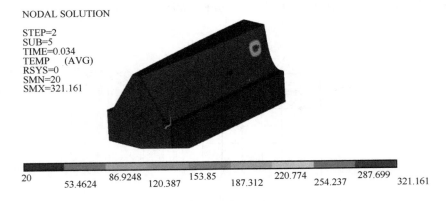

(b) B点

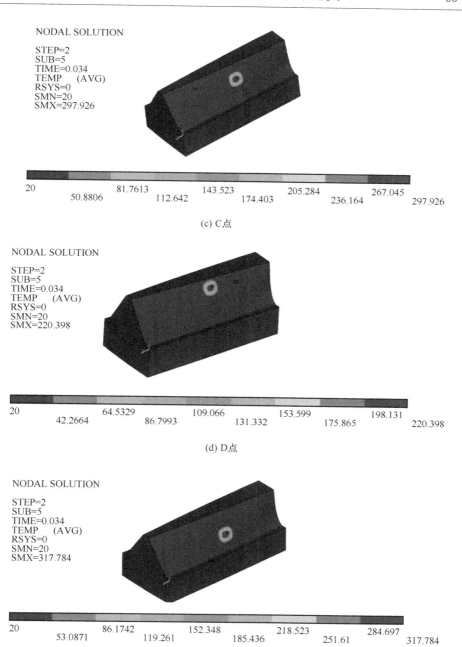

NODAL SOLUTION

STEP=2
SUB=5
TIME=0.034
TEMP　　(AVG)
RSYS=0
SMN=20
SMX=297.926

| 20 | 50.8806 | 81.7613 | 112.642 | 143.523 | 174.403 | 205.284 | 236.164 | 267.045 | 297.926 |

(c) C点

NODAL SOLUTION

STEP=2
SUB=5
TIME=0.034
TEMP　　(AVG)
RSYS=0
SMN=20
SMX=220.398

| 20 | 42.2664 | 64.5329 | 86.7993 | 109.066 | 131.332 | 153.599 | 175.865 | 198.131 | 220.398 |

(d) D点

NODAL SOLUTION

STEP=2
SUB=5
TIME=0.034
TEMP　　(AVG)
RSYS=0
SMN=20
SMX=317.784

| 20 | 53.0871 | 86.1742 | 119.261 | 152.348 | 185.436 | 218.523 | 251.61 | 284.697 | 317.784 |

(e) E点

图 2.20　齿面磨削点温度场分布云图(单位:℃)

对沿齿长方向的磨削点 A、B、C 的磨削温度进行比较,结果如图 2.21 所示。磨削点 B 的升温明显比磨削点 A 快,这是由于在近心端时,齿面曲率降低,导致椭圆接触面积增大,从而导入工件的热量上升。通过对磨削点 A、B、C 的分析可知,面齿轮沿齿长方向的磨削温度呈整体上升趋势,从磨削点 A 到磨削点 C,曲率的变化比较大,所以显示上升幅度比较快,而从磨削点 C 到磨削点 B 的过程中,其面齿轮齿面曲率变化趋于平缓,说明磨削温度上升比较慢。

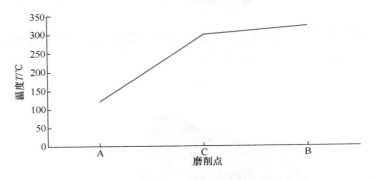

图 2.21　沿齿长方向的磨削点温度变化

对沿齿高方向的磨削点 D、C、E 的磨削温度进行比对分析,结果如图 2.22 所示。磨削点 E 的最高温度比磨削点 D 的最高温度高,在面齿轮沿齿高方向的磨削温度整体呈上升趋势。对比沿齿长方向上的温度变化可以发现,前半段变化比较快,后半段变化比较平缓。同时,结合沿齿高和齿长方向上的温度变化规律可以表明,沿齿高方向的温度变化没有沿齿长方向的变化明显。

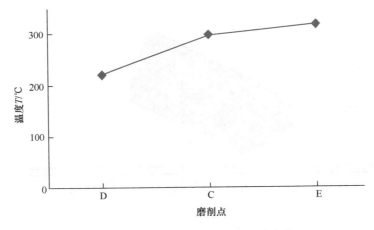

图 2.22　沿齿高方向的磨削点温度变化

2.5　磨削力与磨削温度的实验及分析

2.5.1　螺旋锥齿轮磨削力与磨削温度的实验及分析

1. 螺旋锥齿轮磨削力与磨削温度实验的磨削条件

实验采用与有限元仿真时相同的磨削条件,用扩口杯砂轮磨削弧齿锥齿轮成形法大轮,磨削力与磨削温度的实验条件如表 2.7 所示[3]。

表 2.7　螺旋锥齿轮磨削力与磨削温度的实验条件

项目	指标	项目	指标
齿轮材料	20CrMoTi	磨削液	油基、水基(测力时)
齿轮热处理	58~62HRC	磨削方式	切出式逆磨
磨齿机	YK2050	磨削深度 a_p/mm	0.01
砂轮	粒度为 60# 的扩口杯 SG 砂轮	砂轮速度 v_s/(m/s)	22.776
砂轮直径 D/mm	300	展成速度 v_w/(m/min)	4

2. 螺旋锥齿轮磨削力的实验及分析

实验测力系统由旋转式测力仪 Kistler 9124、多通道信号调节器和微型计算机等组成,砂轮直接安装在旋转式测力仪上。测力仪 Kistler 9124 为四分量旋转式切削测力计,最高转速为 5000r/min,F_n 量程为 ±30kN,其灵敏度为 0.33mV/N,固有频率为 1kHz,传感器测量的信号为模拟信号,采用无线遥感技术,通过安装在计算机中的 A/D 转换板对测得的信号进行转换处理,由计算机串口进行通信,通过测试系统对测试数据进行处理和显示,可同时测定高速条件下多个方向的磨削力。

实验时选取一个磨削接触弧长 l_k 内的若干时间步,测出各时间步上的法向磨削分力 F_n 和切向磨削分力 F_t 实验数据。理论计算时,选取与实验时相同的磨削参数,磨削接触弧长 l_k 除以展成速度 v_w 得到磨削接触弧时间,分为若干时间步。首先计算磨削接触弧内各时间上的 F_n' 和 F_t',然后计算出相应的 F_n 和 F_t 理论值。一个磨削接触弧长 l_k 内的磨削分力 F_n 和 F_t 实验值与理论值如表 2.8 所示。

表 2.8　螺旋锥齿轮磨削力实验值与理论值

序号	磨削力实验值		磨削力理论值	
	法向磨削分力 F_n/N	切向磨削分力 F_t/N	法向磨削分力 F_n/N	切向磨削分力 F_t/N
1	302.2	151.1	283.6	149.3
2	328.3	156.3	322.2	160.1
3	360.2	177.5	351.0	175.5
4	324.5	170.8	327.9	172.6
5	378.2	180.1	373.4	186.7
6	335.7	176.7	324.7	170.9
7	376.5	179.3	364.4	182.2
8	352.2	176.4	331.3	174.4
9	339.1	169.5	361.6	180.8
10	319.8	159.9	349.5	174.7

　　根据表 2.8,画出相应的拟合对比曲线如图 2.23 所示。从图中可知,在一个磨削接触弧长 l_k 内的磨削力实验值与理论值间的变化趋势基本相同,由于有效磨损平面 A_g 随接触弧长 l_k 内的磨削时间 t 变化而变化,所以 F_n 和 F_t 也随之变化。

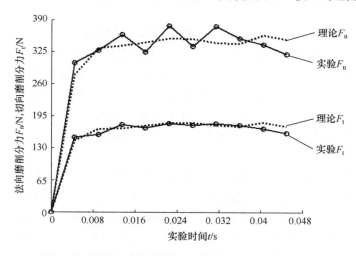

图 2.23　螺旋锥齿轮磨削力实验值与理论值对比曲线

　　根据上面的磨削力理论计算和实验结果,在开始进入螺旋锥齿轮磨削弧时,磨削力较小,主要靠砂轮磨粒在工件表面滑擦形成;当进入磨削接触弧后,磨削力迅速增大,主要是由于磨粒的有效磨损平面 A_g 加大,耕犁和成屑力增大很多;在进入磨削弧稳定后,磨削力有些波动,但基本稳定;当该磨削弧结束又进入下一个磨削弧时,磨削力又呈现基本相同的变化规律。

切向磨削分力 F_t 主要影响磨削时的动力消耗和磨粒磨损,而磨粒磨损将导致力和热的加大,通过力、热引起磨削温度场、应力应变场的交互作用,使工件磨削表层产生大的塑性变形和热变形,从而影响磨削表层残余应力变化和表面形貌与组织,对磨削表面性能产生重要影响;法向磨削分力 F_n 主要与砂轮工件之间的接触变形有关,直接影响磨削表层残余应力变化和磨削变质层,对加工硬化产生影响。另外,F_n 使磨粒在齿面上产生耕犁,将造成表面的塑性侧向隆起,对表面粗糙度有严重影响[3]。

3. 螺旋锥齿轮磨削温度的实验及分析

1) 磨削温度实验方法及条件

实验测温方法采用埋丝半人工热电偶测温法,可测量距磨削齿面不同深度处的磨削温度[3]。为了方便制作热电偶,先将被磨大轮切割掉 1～2 个齿,然后在需实验的齿廓一侧沿齿面法向的齿厚方向钻几个台阶盲孔,分别将热电偶康铜丝端头打磨成尖形,顶入孔底与工件接触之处即热电偶的结点,康铜丝为热电偶丝的一极,工件本身为另一极,这样就构成了工件/康铜热电偶。在制作时,用一段陶瓷管将康铜丝套住并用 502 固化胶将二者黏合,装入盲孔里较细的孔中,在盲孔外端用固化胶固定,放置一天左右待其固结后,用电表测量康铜丝和工件的电阻,若电阻为零点几欧姆,则表明接触良好,如图 2.24 所示。

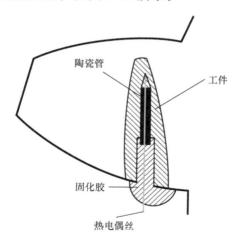

陶瓷管

工件

固化胶

热电偶丝

图 2.24 热电偶制作

　　由于测温采用的热电偶丝不是标准热电偶丝,所以必须确定半人工热电偶的热电特性,即进行温度标定。待标定的半人工热电偶可由康铜丝与被磨材料的条状组成,热电偶结点采用电容储能焊接而成。采用在管式电炉中加温的方法进行温度标定,管式电炉的温度可以手工调节或自动调节,待标定的热电偶和标准热电偶的冷端置于冰水混合的水箱中。根据标准热电偶的热电势确定炉温,通过电位差计测得半人工热电偶丝的热电势。由于工件/康铜热电偶的温度 T 与电压 E 的各个值点连接后接近直线,所以可以用直线拟合的方法拟合出 T-E 关系直线,即工件/康铜热电偶的标定曲线,如图 2.25 所示,其 T-E 关系为 $T = 17.047E + 20.802$。

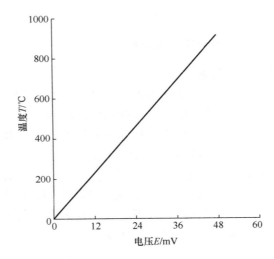

图 2.25　工件/康铜热电偶的标定曲线

　　热电偶输出的热电势值较小,需经信号放大、采集装置和计算机等组成的系统进行处理。通过测量磨削前后齿厚的变化得出热电偶测量点与齿面的距离,测得相应的磨削温度。

　　2) 磨削温度实验结果及分析

　　对于在油基磨削液和水基磨削液下近大轮小端磨削时,实验测温时沿齿厚方向,依次选取距齿轮面上磨削弧中心不同厚度处,测出的磨削温度实验值与对应计算的最后载荷步仿真值如表 2.9 所示,并将磨削温度实验值与仿真值拟合成曲线,如图 2.26 所示。

表 2.9 螺旋锥齿轮沿齿厚方向的磨削温度实验值与仿真值及其最大相对误差

点序号 J	齿厚 d/mm	磨削温度实验值 T_1/℃		磨削温度仿真值 T_2/℃		实验值与仿真值的最大相对误差/%
		油基磨削液时	水基磨削液时	油基磨削液时	水基磨削液时	
1	0.01392	201.35	171.89	213.46	181.01	6
2	0.01507	94.73	86.67	103.73	94.48	9.5
3	0.01624	62.34	61.26	63.172	62.501	2
4	0.01711	58.68	58.43	60.106	60.084	2.8
5	0.02028	57.28	56.38	60.004	60.004	6.4

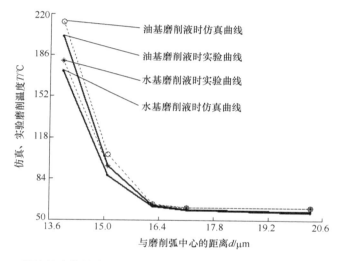

图 2.26 螺旋锥齿轮沿齿厚方向不同点处磨削温度实验值与仿真值对比曲线

从图 2.26 可知,沿齿厚方向与磨削弧中心不同距离处的温度,随着距离的增大而迅速降低,这主要是由热传导作用引起的。油基磨削液时的磨削温度均比水基磨削液时的高,这是因为水基磨削液的冷却作用强;有限元仿真磨削温度值比实验值要大,原因一方面是实验测温有误差,另一方面是有限元仿真条件的假设等使其与真实情况偏离,但相对误差最大为 9.5%,说明磨削力热耦合有限元仿真有较好的精度[3]。

2.5.2 面齿轮磨削力与磨削温度的实验及分析

1. 面齿轮磨削力的实验及分析

面齿轮磨削设备为五轴联动数控磨床 QMK50A,碟形砂轮为 D300×25×127

CBN60L5R35,正交面齿轮材料为18Cr2Ni4WA,磨削方式为逆式干磨,磨削液为水基磨削液。为验证面齿轮磨削力模型,实验进行的正交面齿轮齿坯参数及磨削工艺参数与理论计算时相同,如表2.10所示。

表2.10　正交面齿轮齿坯参数及磨削工艺参数

参数	数值
面齿轮齿数 z	86
模数 m/mm	3.5
压力角 α/(°)	20
材料摩擦系数	0.47
材料硬度(HV)	688
单位磨削力常数 σ_0/(kg/mm)	1390
砂轮直径 D/mm	300
磨削深度 a_p/mm	0.02~0.05
展成速度 v_w/(m/min)	4~10
砂轮速度 v_s/(m/s)	20~35

由式(2.67)计算各磨削用量下磨削力理论值,结果如表2.11所示。

表2.11　正交面齿轮各磨削用量下磨削力理论值

序号	砂轮速度 v_s/(m/s)	展成速度 v_w/(mm/min)	磨削深度 a_p/mm	切向磨削分力 F_t/N	法向磨削分力 F_n/N
1.1	20	4	0.02	127.03	276.92
1.2	25	4	0.02	118.33	257.73
1.3	30	4	0.02	111.88	243.52
1.4	35	4	0.02	106.85	232.52
2.1	28	4	0.02	114.25	248.75
2.2	28	6	0.02	129.91	283.28
2.3	28	8	0.02	143.02	312.18
2.4	28	10	0.02	154.50	337.52
3.1	30	6	0.02	125.03	276.92
3.2	30	6	0.025	160.83	351.46
3.3	30	6	0.03	186.49	408.05
3.4	30	6	0.04	254.16	553.85

实验采用的测力系统由多通道信号调节器、旋转式测力仪 Kistler 9124 和微型计算机等组成,如图2.27所示,砂轮直接安装在旋转式测力仪上,各磨削用量下测出的磨削力实验值如表2.12所示。

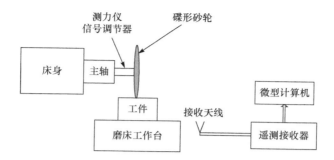

图 2.27　面齿轮磨削力测量系统示意图

表 2.12　正交面齿轮各磨削用量下磨削力实验值

序号	砂轮速度 v_s/(m/s)	展成速度 v_w/(mm/min)	磨削深度 a_p/mm	切向磨削分力 F_t/N	法向磨削分力 F_n/N
1.1	20	4	0.02	142.73	292.15
1.2	25	4	0.02	133.64	273.99
1.3	30	4	0.02	128.21	258.22
1.4	35	4	0.02	119.09	248.43
2.1	28	4	0.02	131.67	263.72
2.2	28	6	0.02	144.48	296.56
2.3	28	8	0.02	158.17	327.23
2.4	28	10	0.02	174.31	350.25
3.1	30	6	0.02	140.54	288.97
3.2	30	6	0.025	178.06	367.39
3.3	30	6	0.03	205.37	423.31
3.4	30	6	0.04	270.83	570.12

　　通过对比各磨削力理论值(表 2.11)和实验值(表 2.12)可得,磨削力仿真值与实验值最大相对误差为 15.2%,但误差值在允许范围内,这表明建立的面齿轮磨削力模型有效[9]。

2. 面齿轮磨削温度的实验及分析

　　本实验使用型号为 SCIT-3(包含一个 XST 仪表、一个 CIT-3AXXT 温度测量探头)的低温红外测温仪测量磨削温度,测量距离系数为 15∶1,测量范围为 0～500℃。该测温仪的测量工作原理如图 2.28 所示,面齿轮磨削温度测试的基本流程如图 2.29 所示[8]。

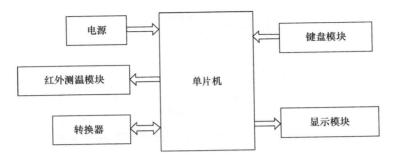

图 2.28   面齿轮磨削红外测温仪测量工作原理

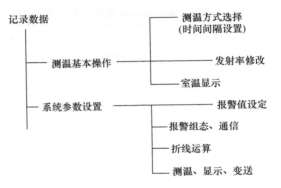

图 2.29   面齿轮磨削测温流程

面齿轮磨削温度实验时采用与有限元仿真时相同的磨削条件,磨削温度实测值与理论值对比分析如表 2.13 所示。

表 2.13   面齿轮磨削温度数据对比

磨削点	理论值/℃	实测值/℃	误差率/%
A	122.827	150.278	18.30
B	321.161	355.086	9.60
C	297.926	334.037	10.80
D	220.398	256.155	14.00
E	317.784	353.264	10.00

由表 2.13 可知,各磨削点的误差分析结果均在 9%～19% 范围内,这是由于碟形砂轮与面齿轮是相对运动的,在工件表面会产生大量的热,所以造成实际得到的测量温度比 ANSYS 有限元分析结果稍高;同时,温度越高,误差越小,这是由红外测温仪的波长反馈更为准确造成的。

第3章　磨削齿面残余应力

3.1　磨削残余应力的产生机理、影响因素与分析方法

磨削齿面残余应力是磨削表面性能参数之一，磨削齿面残余应力会引起共轭曲面齿面变形，降低其疲劳强度和抗应力腐蚀能力，严重时会产生裂纹，对共轭曲面齿轮的使用性能产生重大影响[3]。

3.1.1　磨削残余应力的产生机理

磨削残余应力的产生机理是由磨削表面材料产生的热弹塑性变形，通过各种应力和影响因素的综合作用引起的，主要有以下几个方面。

1. 塑性变形

磨削时磨粒切削刃具有大的负前角，磨粒切削刃产生磨削力（可分解为切向磨削力和法向磨削力），使磨削表层出现不均匀塑性变形，产生塑性凸出效应和挤光效应，从而产生残余应力。塑性凸出效应是指在磨粒切削刃刚走过的表面部分，沿表面方向出现塑性收缩，而在表面的垂直方向出现塑性拉伸，卸载后使沿磨削表面方向产生残余拉应力，在垂直于工件表面的方向形成残余压应力。挤光效应是指在磨削时，磨粒磨钝小平面产生的垂直于被切材料表面的作用力和摩擦力一起对被切材料表面产生挤光作用，使被切材料表面的横向和纵向尺寸增大，其结果使表层产生残余压应力[18]。

材料塑性越好、硬度越低，塑性凸出效应影响越明显；当磨粒切削不锋利或切削条件恶劣时，挤光效应影响越明显，磨削力产生的残余拉应力或压应力越大。

2. 热应力形成的残余拉应力

磨削时产生大量的磨削热，使磨削表层组织产生热膨胀，而此时基体温度较低，磨削表层的热膨胀受基体的限制而产生压缩变形。当表层的温度超过材料的弹性变形允许的温度时，冷却后则在工件表层产生残余拉应力。热应力产生的残余拉应力的大小及层深与工件表层磨削温度的高低及变化快慢有关[18]。

3. 磨削液冷却效应

磨削液的使用使磨削表层在冷却过程中产生一个降温梯度,它与热应力的影响刚好相反,可减缓由热应力造成的表面残余拉应力。

4. 材料组织的变化

磨削表面高温使磨削表层产生再淬火或回火时,将使工件表面的金相组织发生变化,从而产生表面残余拉应力或压应力。

5. 工件中原始残余应力

不同的齿轮材料具有不同的弹性模量、导热性等,齿轮在粗铣和热处理后,其金属材料组织也不同,物理及力学性能相差较大,使得在磨削前齿轮工件表面具有不同的原始残余应力状态,磨削时一方面通过去除齿轮表层材料改变其原始应力状态,另一方面磨削过程将在表面层产生新的残余应力,这将对磨削表面的最终残余应力产生不同程度的影响[3]。

以上经过磨削力形成的塑性变形应力和磨削温度形成的热应力,通过磨削温度场与磨削应力应变场的耦合,产生共轭曲面齿轮磨削齿面残余应力。

3.1.2 磨削残余应力的影响因素与分析方法

1. 磨削残余应力影响因素

影响共轭曲面齿轮磨削齿面残余应力的因素有很多,主要有砂轮条件、磨削用量、齿轮几何结构及材料、冷却状况等。

1) 砂轮条件

砂轮条件主要包括砂轮磨粒种类与修正、砂轮粒度等。

(1) 磨粒种类与修正。共轭曲面齿轮磨齿机所用的砂轮可用 CBN 磨轮,也可用 SG 砂轮。SG 砂轮是用粉末冶金方法熔炼而成的陶瓷氧化铝晶体砂轮,它比普通氧化铝砂轮硬且韧性好,切削速度可达到 1219.2m/min,分到每个齿轮上的加工费用很低,用 SG 砂轮只要少量的循环甚至一次循环就能将齿轮磨好,生产效率非常高。另外,采用安装在工件轴台上的数字控制(NC)的旋转式金刚石滚轮可方便地对 SG 砂轮进行修正,能根据齿面修形的需要将砂轮修正成各种形状[19],因此目前采用 SG 砂轮较多。采用 SG 砂轮可使磨齿表面温度不易升高,挤光效应较强,因此比用金刚石砂轮磨削更易产生压应力。

(2) 砂轮粒度。残余压应力随着砂轮粒度的减小而减小,这是因为随着砂轮粒度的减小,细磨粒的承载能力降低,磨削过程中磨粒磨损加剧,磨削温度上升,同时小磨粒砂轮产生小的塑性变形,从而使残余压应力减小。而对于 SG 砂轮,磨粒过细,切削作用极小,挤光效应占主导地位,故残余压应力增大。但是,大磨粒的砂轮可能比小磨粒砂轮在磨削后的工件上产生更多的破碎和显微裂纹,这些损伤缺陷使应力释放,因此抑制了残余应力的增大[3]。

2) 磨削用量

磨削用量包括磨削深度、展成速度、砂轮速度等,而磨削深度与展成速度通过材料去除率来影响磨削残余应力。

(1) 材料去除率。随着磨削深度或展成速度的增大,材料去除率也随着增加。然而,改变磨削深度和展成速度对磨削残余应力的影响是不同的。磨削深度对残余应力的影响大于展成速度的影响。这是因为砂轮磨削深度的增加直接导致磨粒在厚度方向切削深度的增加,而展成速度的改变主要影响在纵向(水平方向)的磨粒切削,相对于磨粒的切削深度的影响较小[3]。

(2) 砂轮速度。在一定的速度范围内,随着砂轮速度的提高,单颗金刚石磨粒的平均未变形切屑厚度减小,磨削温度下降,挤光效应占主导地位,在工件表面生成的残余压应力随砂轮速度的提高而提高。砂轮速度继续升高,单位时间内参与切削的磨粒数增加,热脉冲次数增加,使磨削热效应与挤光效应并存,故残余压应力不再增加而基本保持稳定。在增加砂轮速度的情况下,单颗磨粒得到的磨削力减小,这导致工件表面区的压应力层变薄。

3) 齿轮几何结构及材料

共轭曲面齿轮是空间复杂齿轮体,其几何结构将影响磨削齿面残余应力的分布。共轭曲面齿轮材料常用 20CrMnTi、20CrMo、18Cr2Ni4WA 等,它们的材料性能不同,在切削温度及应变率域值内的动态与静态力学特性不同,从而构建出的材料动态塑性本构模型有差异,将影响磨削齿面残余应力的变化规律。

4) 冷却状况

冷却状况取决于是否采用磨削液,以及采用何种磨削液。在一般磨削情况下,相对于干磨状况,湿磨时冷却液进入磨削区,冷却、润滑和清洗作用使摩擦系数减小,并可减少砂轮堵塞与磨损,使单位切削能降低,输入热量减少,同时磨削热的对流冷却作用增强,从而使磨削温度大幅降低,这样由热应力产生的残余拉应力减小。一般来说,油基磨削液的润滑性好,冷却性差;而水基磨削液的润滑性差,冷却效果好。在磨削深度较小时,若采用水基磨削液,由于其润滑性差,磨粒与切屑及磨粒与工件间的摩擦剧烈,砂轮易磨钝堵塞,使工件表面温度升高,对改善应力状态不利;若采用油基磨削液,砂轮不易堵塞,易造成残余压应力。但是在较大磨削深度的条件下,油基磨削液并不利于磨削,这是由于大磨削深度下磨削热高,油基磨削液冷却性能差,磨削表面有形成残余拉应力的趋势。

2. 磨削残余应力分析方法

影响磨削残余应力的各个因素,一方面产生磨削力,使磨削表面产生塑性变形;另一方面产生磨削热,导致热应力和材料组织变化,因此可将齿面表层残余应力的分布规律简化为在移动集中力热耦合下的热弹塑性力学问题,分析的基本理论为热弹塑性理论[3]。

影响磨削齿面残余应力的因素有很多,而且它们对齿面残余应力的影响是非线性动态作用的,因此解析法难以解决复杂的力热耦合问题。随着计算技术的迅速发展,采用数值有限元法分析磨削齿面残余应力较为有效[3]。

3.2　齿轮磨削应力应变场

3.2.1　磨削齿轮材料本构关系

1. 磨削应力应变场的热弹塑性力学本构关系

根据 Prandtl-Reuss 理论方法,在磨削过程中工件处于热弹塑性状态下的全应变增量包括弹性应变增量、塑性应变增量和温度应变增量[18],则可得热弹塑性力学本构关系为

$$弹性区:d\sigma = D(d\varepsilon - d\varepsilon_T) \tag{3.1}$$

$$塑性区:d\sigma = D_{ep}(d\varepsilon - d\varepsilon_T) + d\sigma_T \tag{3.2}$$

式中,$d\sigma$ 为应力张量;$d\varepsilon$ 为应变张量;D 和 D_{ep} 分别表示材料的弹性矩阵和塑性矩阵;T 表示温度。

由于热弹塑性的应力应变关系为非线性的,所以可用增量载荷法将该本构关系线性化,即

$$弹性区:\Delta\sigma = D(\Delta\varepsilon - \Delta\varepsilon_T) \tag{3.3}$$

$$塑性区:\Delta\sigma = D_{ep}(\Delta\varepsilon - \Delta\varepsilon_T) + \Delta\sigma_T \tag{3.4}$$

式中,$\Delta\sigma$ 和 $\Delta\varepsilon$ 分别为应力增量和应变增量;$\Delta\varepsilon_T$ 和 $\Delta\sigma_T$ 可分别作为初应变与初应力转换为等效节点载荷,即

$$弹性区:\Delta R_e = \iint_e B^T D \Delta\varepsilon_T dv \tag{3.5}$$

$$塑性区:\Delta R_{ep} = \iint_e B(D_{ep}\Delta\varepsilon_T - \Delta\sigma_T)dv \tag{3.6}$$

式中,B 为几何矩阵。

则总的热弹塑性平衡方程的矩阵表达式为

$$k\Delta u = \Delta R \tag{3.7}$$

式中,k 为总体刚度矩阵;Δu 为节点位移增量;ΔR 为总等效载荷。

首先由式(3.7)解出 Δu;然后根据位移增量和应变增量之间的关系,求得单元应变增量 $\Delta\varepsilon$;最后由式(3.3)或式(3.4)求出应力增量 $\Delta\sigma$。

2. 磨削齿轮材料本构关系准则

共轭曲面磨削齿轮材料关系模型是分析磨削齿面残余应力的基础。在采用 ANSYS 建立工件的材料关系模型时,主要考虑屈服准则、流动准则和强化准则等三个方面。

1) 屈服准则

在有限元分析中,通常采用 Mises 屈服准则。对于三维主应力空间,Mises 屈服准则可以表示为

$$\sigma = \sqrt{\frac{1}{2}\left[(\sigma_1-\sigma_2)^2 + (\sigma_2-\sigma_3)^2 + (\sigma_1-\sigma_3)^2\right]} \leqslant \sigma_y \tag{3.8}$$

式中,σ_1、σ_2、σ_3 为主应力,σ_y 为单向拉伸时的屈服极限。

2) 流动准则

流动准则描述了发生屈服时塑性应变的方向,即单个塑性应变分量(ε_x^{pl}、ε_y^{pl}、ε_z^{pl})是随着屈服变化的。这里采用 Mises 流动准则,即塑性应变增量可以从塑性势导出[20]。

3) 强化准则

强化准则描述了初始屈服准则随着塑性应变的增加的发展规律,它一般有等向强化准则和随动强化准则两大类。在有限元分析中,具体的材料选项主要有经典双线性随动强化(BKIN)、双线性等向强化(BISO)、多线性随动强化(MKIN)和多线性等向强化(MISO)等四种。由于多线性等向强化准则是使用多线性来表示使用 Mises 屈服准则的等向强化的应力-应变曲线,它适用于比例加载的情况和大应变分析情况,故这里选用多线性等向强化准则[20]。

基于热弹塑性理论,假设在磨削时齿轮材料遵循 Mises 屈服准则和 Mises 流动准则,强化模型为双线性等向强化模型。

3. 磨削齿轮材料本构关系参数

磨削螺旋锥齿轮材料为 20CrMnTi,其本构关系参数如表 3.1 所示。

表 3.1 20CrMnTi 齿轮材料本构关系参数

温度 $T/℃$	弹性模量 E/GPa	泊松比 ν	切变模量 E_r/MPa	屈服极限 σ_s/MPa	线膨胀系数 $\alpha'/(10^{-5}/℃)$	导热系数 λ /(W/(m·℃))	比热容 c /(J/(kg·℃))	密度 ρ /(kg/m³)
20	210	0.3	81	0.85	1.12	40	460	7900
100	203	0.3006	81	0.85	1.123	40	460	7900
150	198	0.301	81	0.85	1.132	40	460	7900
200	196	0.3015	81	0.85	1.15	40	460	7900
250	194	0.3023	81	0.85	1.21	40	460	7900
300	191	0.303	81	0.85	1.24	40	460	7900

建立的螺旋锥齿轮材料弹性模量、泊松比与温度的参数关系分别如图 3.1 和图 3.2 所示。

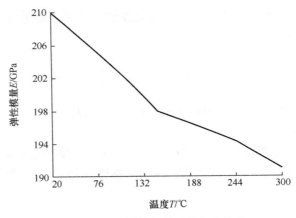

图 3.1 弹性模量与温度的参数关系

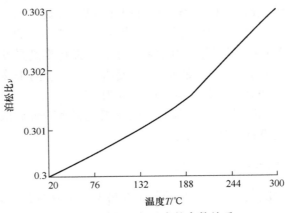

图 3.2 泊松比与温度的参数关系

3.2.2　齿轮磨削应力与应变场有限元模拟分析

在成形法磨削螺旋锥齿轮大轮时,瞬态的磨削高温对磨削表层可引起各种形式的破坏,如烧伤、金相组织的转变、二次组织淬火表层的软化(退化)、表面拉应力、裂纹以及疲劳强度的降低等,它们都与应力应变场有关[21]。

1. 磨削应力场分析

磨削应力是因温度场不均匀、外加约束、材料不均质、物理及结构等特性不同等引起的各单元体间强迫膨胀与约束的应力。磨削的 Mises 等效应力计算公式为式(3.8)。

成形法磨削螺旋锥齿轮大轮选择磨削深度 $a_p=0.02$mm,其他磨齿工艺参数与 2.4.2 节相同。通过有限元单元类型转换,将磨削温度场的数据导入结构物理场中,经过热/结构的间接耦合后得到 Mises 等效应力[18]。大轮在距大端较近磨削处采用水基磨削液时的最后载荷步等效应力场分布云图如图 3.3 所示,等效应力值分布范围为 0～35.2MPa。

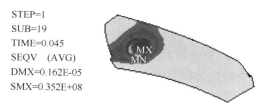

STEP=1
SUB=19
TIME=0.045
SEQV　(AVG)
DMX=0.162E-05
SMX=0.352E+08

图 3.3　最后载荷步等效应力场分布云图(水基磨削液,近大端)

选取大轮齿面上沿齿深方向、与磨削中心节点(692)不同距离的五个节点(659、646、627、137、114),它们的最后载荷步等效应力变化曲线如图 3.4 所示。由图可知,成形法磨削螺旋锥齿轮大轮的瞬态最大应力位于磨削中心附近(节点692、659),而其他各节点随距离的增大,瞬态最大应力迅速下降;在轮毂截面底部节点 114 的应力达到零,这是由于距离远,该处受热传导或热对流载荷作用产生的应力小。

2. 磨削应变场分析

磨削变形主要受温度变化、应力和齿轮结构参数的相互作用。在进行变形的耦合求解时,把变形 δ_e 引起的初始应变转化为等效节点载荷,并对其进行有限元计算,即

$$K_e\delta_e=F_e \tag{3.9}$$

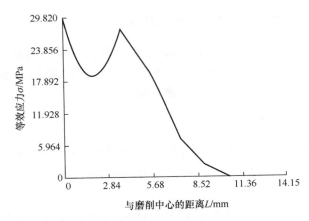

图 3.4　螺旋锥齿轮大轮磨削齿面上各节点最后载荷步等效应力变化曲线
（水基磨削液，近大端）

式中，K_e 为单元刚度矩阵，$K_e = \iiint\limits_{V^{(e)}} B^T DB \, dV$；$\delta_e$ 为轮齿变形向量；F_e 为由初始应变

引起的单元节点载荷向量，$F_e = \iiint\limits_{V^{(e)}} B^T D\varepsilon_0 \, dV$，其中 B 为应变矩阵，D 为弹性矩阵，

$V^{(e)}$ 为轮齿变形空间域，V 为轮齿积分变量，$\varepsilon_0 = \alpha' \Delta T \cdot \begin{bmatrix} 1 & 1 & 1 & 0 & 0 & 0 \end{bmatrix}^T$，
α 为线膨胀系数，ΔT 为轮齿体积温度变量。

　　经过热/结构有限元耦合分析，采用油基磨削液，选取成形法磨削螺旋锥齿轮
大轮齿面上距小端较近磨削处时，轮齿在最后载荷步时的总变形场分布云图如
图 3.5 所示，变形值分布范围为 $0 \sim 1.64\mu m$。变形使轮齿产生膨胀变形，增大了
齿厚，其中磨削中心的变形最大，而远离磨削中心的各点变形最小。

STEP=1
SUB=19
TIME=0.045
USUM　(AVG)
RSYS=0
DMX=0.164E-05
SMX=0.164E-05

图 3.5　最后载荷步应变场分布云图（油基磨削液，近小端）
1-最大变形处；2-最小变形处

　　选取大轮齿面上沿齿长方向、与磨削中心节点（677）不同距离的四个节点
（683、676、716、220），它们的最后载荷步总变形曲线如图 3.6 所示。由图可知，成
形法磨削螺旋锥齿轮大轮时距磨削中心附近的变形较大，随着与磨削中心距离的
增加，其变形呈梯度较快下降，在小端面上节点 220 处的变形达到零，说明该处几

乎没有热传导或热对流的热流载荷作用。

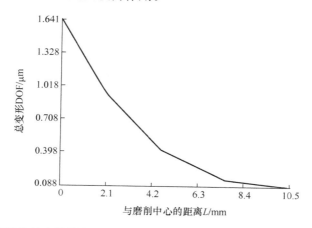

图 3.6　螺旋锥齿轮大轮沿齿长方向齿面上各节点总变形曲线(近小端,油基磨削液)

选取大轮沿齿厚方向、与磨削中心节点(677)不同距离的两个节点(1037、1141),它们的最后载荷步总变形曲线如图 3.7 所示。磨削中心附近的变形较大,随着与磨削中心距离的增加,其变形呈梯度迅速下降,在磨齿面的背面上的节点1141 处的变形比齿厚中间节点 1037 的变形要略大些,这主要是由背面上节点的位移自由度大引起的。

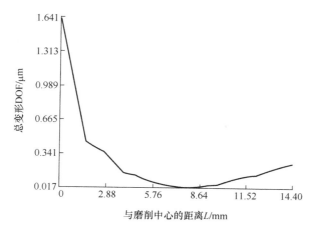

图 3.7　螺旋锥齿轮大轮沿齿厚方向齿面上各节点总变形曲线(油基磨削液,近小端)

通过进一步比较分析,在其他条件相同时,因受磨削瞬态最高温度的主要影响,采用油基磨削液的瞬态最大应力与变形比采用水基磨削液时要大;在近小端磨削处与在近大端磨削处相比,瞬态最大应力与变形受结构影响不相同[21]。

上述成形法磨削螺旋锥齿轮大轮经过磨削界面力热耦合而产生磨削温度场、磨削应力应变场,由于位于磨削中心处的磨削瞬态温度最高,所以磨削中心附近的最后载荷步的瞬态等效应力与变形最大,直接影响磨削残余应力;磨削瞬时高温将使磨削表层软化,影响磨削层硬化程度和金相组织变化,这些都对螺旋锥齿轮磨削表面性能产生重要影响,其中磨削瞬时高温的影响是关键[3]。

3.3　力热耦合的磨削残余应力计算与分析

3.3.1　力热耦合的磨削残余应力有限元计算

共轭曲面齿轮磨削残余应力的分析模型采用有限元 3D 单齿模型。在对力热耦合的磨削残余应力进行有限元计算时,由于共轭曲面齿轮磨削过程中磨削深度与工件厚度及磨削接触弧长相比很小,且磨屑带走的热量也少,所以磨削残余应力的计算时不考虑磨削层的影响。根据对磨削温度场的分析,实际磨削时磨削温度不高,故忽略工件材料组织变化对残余应力的影响。共轭曲面齿轮磨削残余应力的力热耦合有限元计算过程主要包括以下两个阶段。

第一阶段为磨削瞬态加热与在磨削应力耦合阶段,分为两个过程:①磨削瞬态加热过程,即从初始条件(温度)开始,根据磨削温度场的边界条件,通过施加热对流和热流密度后,得出磨削瞬态加热温度场;②磨削应力耦合过程,即通过热/结构转换后,导入磨削瞬态加热过程的温度,定义结构约束,施加磨削力,得出在磨削应力场及应力分布。

第二阶段为磨削瞬态冷却与残余应力形成阶段,也分为两个过程:①磨削瞬态冷却过程,即从磨削瞬态加热的初始温度开始,无热流密度,经热传导,一直冷却到室温;②残余应力形成过程,即经热/结构耦合后,卸去所有载荷,导入在磨削应力耦合过程的应力作为初始应力,求解得出残余应力分布[21]。

3.3.2　螺旋锥齿轮磨削残余应力的有限元模拟分析

在螺旋锥齿轮六轴五联动数控磨齿机上,以扩口杯砂轮磨弧齿锥齿轮成形法加工的大轮为例,其基本参数、机床调整参数等与 2.4.2 节相同。

磨削条件为:磨削用 SG 砂轮,切入式逆磨,干磨或湿磨条件。磨削工艺参数为:采用某一磨削深度 a_p、砂轮速度 v_s 和展成速度 v_w,由式(1.30)计算 l_k,则每个载荷步时间为 l_k/v_w;由式(1.27)计算 b,由式(2.60)计算 F_t'、F_n';由式(2.68)计算 R_w,湿磨下 R_w 近似取 0.65,干磨下 R_w 近似取 0.9;由式(2.71)计算 q。

1. 磨削用量对磨削残余应力的影响

(1) 磨削深度 a_p 对磨削残余应力的影响。当 $v_s=20\text{m/s}$、$v_w=4\text{m/min}$ 时,在

湿磨条件下，a_p 分别为 0.01mm、0.03mm 和 0.05mm 时，沿齿厚方向选取磨削齿凹面上磨削节点 1423，齿面里层节点 2265、2892 和 2519，以及齿凸面上节点 1817 等共五个节点，经有限元模拟得到的磨削残余应力分布如图 3.8 所示。

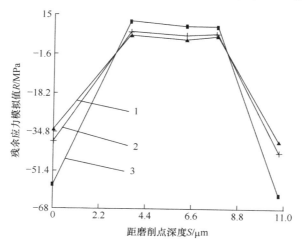

图 3.8　湿磨时在不同 a_p 下残余应力模拟值分布曲线（$v_s=20$m/s、$v_w=4$m/min）

1-$a_p=0.01$mm；2-$a_p=0.03$mm；3-$a_p=0.05$mm

从图 3.8 中可以看出，当 $a_p=0.01$mm 时，齿凹面上节点 1423、齿面里层节点 2265 和齿凸面上节点 1817 的残余应力分别为 -33.951MPa、6.497MPa 和 -38.952MPa；当 $a_p=0.05$mm 时，这三个节点的残余应力分别为 -57.68MPa、11.807MPa 和 -61.848MPa。齿面上为残余压应力，齿面里层为残余拉应力，且随 a_p 的增大，其绝对值有不同程度的增加，其中当 $a_p>0.03$mm 时，残余应力增加明显。这说明在 a_p 较大时，磨削力和磨削热流量较大，在较大接触弧长 l_k 上的载荷作用时间增加，磨削温度升高，由力热耦合引起的应力增加，从而使残余应力增加较快。经磨削温度的测试实验，磨削温度总体上不高（湿磨时不超过 300℃），齿面受挤光效应和垂直方向上的塑性凸出效应明显，因此在齿面上产生残余压应力；而齿面里层主要受磨削热的影响，由于表层组织冷却收缩，在齿面里层产生残余拉应力。

（2）砂轮速度 v_s 对磨削残余应力的影响。当 $a_p=0.03$mm、$v_w=4$m/min，在干磨条件下，v_s 分别为 20m/s、30m/s 和 50m/s 时，沿齿厚方向选取节点 1423 等同样五个节点，经有限元模拟得到的磨削残余应力分布如图 3.9 所示。

从图 3.9 中可以看出，当 $v_s=20$m/s 时，节点 1423、2265 和 1817 的残余应力分别为 -53.929MPa、10.792MPa 和 -60.625MPa；当 $v_s=50$m/s 时，这三个节点的残余应力分别为 -137.63MPa、27.115MPa 和 -156.4MPa。磨削残余应力随

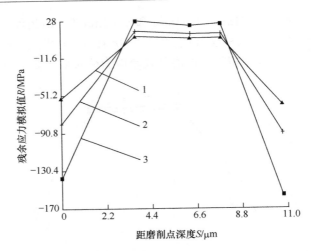

图 3.9 干磨时在不同 v_s 下残余应力模拟值分布曲线($a_p = 0.03$mm、$v_w = 4$m/min)

1-$v_s = 20$m/s;2-$v_s = 30$m/s;3-$v_s = 50$m/s

v_s 的增大,其绝对值明显增加。这是因为 v_s 增大时,虽然磨削力稍有减小,但单位磨削能和磨削热流量近似呈线性增大趋势,磨削温度较高(干磨时最高达到 330℃),引起的热应力增加,从而使残余应力快速增加。

(3)展成速度 v_w 对磨削残余应力的影响。当 $a_p = 0.03$mm、$v_s = 20$m/s 时,在湿磨条件下,v_w 分别为 4m/min、5m/min 和 8m/min 时,沿齿厚方向选取节点 1423 等同样五个节点,经有限元模拟得到的磨削残余应力分布如图 3.10 所示。

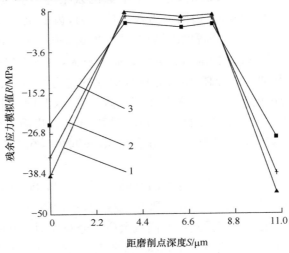

图 3.10 湿磨时在不同 v_w 下残余应力模拟值分布曲线($a_p = 0.03$mm、$v_s = 20$m/s)

1-$v_w = 4$m/min;2-$v_w = 5$m/min;3-$v_w = 8$m/min

从图 3.10 中可以看出,当 v_w ＝4m/min 时,节点 1423、2265 和 1817 的残余应力分别为－38.889MPa、7.788MPa 和－43.704MPa;当 v_w ＝8m/min 时,这三个节点的残余应力分别为－24.37MPa、4.594MPa 和－28.099MPa。磨削残余应力随 v_w 的增大,其绝对值有不同程度的减小。这说明在 v_w 较大时,磨削力增加,齿面受挤光效应和垂直方向上的塑性凸出效应明显;磨削热量分配比 R_w 减小,磨削热流量增加不多,在较小接触弧长 l_k 上的载荷作用时间减小,使磨削温度降低,力热耦合作用造成应力减小,从而使残余应力降低[18]。

2. 干磨条件和湿磨条件对磨削残余应力的影响

当 a_p ＝0.05mm、v_s ＝20m/s、v_w ＝4m/min 时,在湿磨条件和干磨条件下,沿齿厚方向选取节点 1423 等同样五个节点,经有限元模拟得到的磨削残余应力分布如图 3.11 所示。

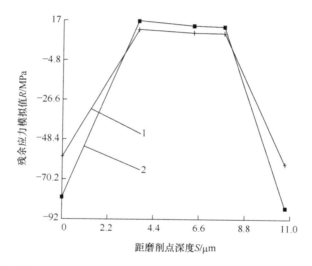

图 3.11　湿磨与干磨时残余应力模拟值分布曲线(a_p＝0.05mm、v_s＝20m/s、v_w＝4m/min)

1-湿磨;2-干磨

由图 3.11 可知,弧齿锥齿轮大轮在湿磨条件下,节点 1423、2265 和 1817 的残余应力分别为－57.68MPa、11.807MPa 和－61.848MPa;在干磨条件下,这三个节点的残余应力分别为－79.938MPa、16.353MPa 和－85.645MPa。湿磨条件下比干磨条件下的磨削残余应力明显减小,这是因为湿磨时,滑擦摩擦系数 μ 减小,导致切向磨削分力 F_t 减小,磨削热量分配比 R_w 和磨削热流量 q 显著下降,磨削温度降低,由力热耦合引起的应力减小,从而使残余应力降低。

3.3.3　面齿轮磨削残余应力的有限元模拟分析

在面齿轮五联动数控磨床上,以碟形砂轮磨削正交面齿轮为例,其基本参数如表 2.5 所示,磨削工艺参数如表 2.6 所示,磨削方式为逆式干磨,选择磨削温度场分析时选取图 2.19 中齿面上的磨削点 A,采用力热耦合间接分析方法分析磨削用量对残余应力的影响[22]。

磨削工艺参数为:采用某一磨削深度 a_p、砂轮速度 v_s 和展成速度 v_w,由式(1.30)计算 l_k,则每个载荷步时间为 l_k/v_w;式(2.67)计算 F_t、F_n;由式(2.70)计算 R_w;由式(2.71)计算 q。

1. 磨削深度对磨削残余应力的影响

当 $v_w = 1m/min$、$v_s = 20.6m/s$ 时,磨削深度 a_p 分别取 0.01mm、0.03mm、0.05mm,选取磨削点 A 处节点 5885,A 点处沿齿厚方向的节点 13264、12548、6625,距磨削点深度为 S,经有限元模拟得到磨削残余应力 R 的分布如图 3.12 所示。由图可知,齿面上为残余压应力,齿面里层为残余拉应力;且 a_p 取值越大,齿面残余应力增大越显著。这是由于在 a_p 值较大时,磨削力和磨削热流量较大,使得力在工件接触处的时间增加,磨削温度升高,从而导致残余应力显著增加。

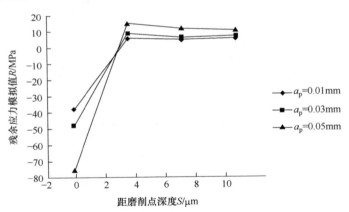

图 3.12　不同 a_p 下残余应力模拟值分布

2. 砂轮速度对磨削残余应力的影响

当 $v_w = 1m/min$、$a_p = 0.02mm$ 时,砂轮速度 v_s 分别取 20m/s、30m/s、50m/s,选取同样 4 个节点,经有限元模拟得到残余应力 R 的分布如图 3.13 所示。由图可知,随 v_s 的增大,齿面磨削残余应力明显增大。这是由于 v_s 增大时,磨削热流量增大,磨削温度较高,引起热应力增大,从而导致残余应力明显增加。

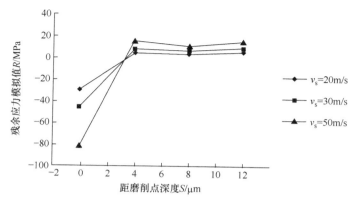

图 3.13　不同 v_s 下残余应力模拟值分布

3. 展成速度对磨削残余应力的影响

当 $a_p = 0.02\text{mm}$、$v_s = 20\text{m/s}$ 时，展成速度 v_w 分别取 1m/min、3m/min、8m/min，选取同样 4 个节点，模拟得到的磨削残余应力 R 的分布如图 3.14 所示。由图可知，随着 v_w 的增大，齿面残余应力增幅减小。这说明在 v_w 增大时，磨削力增大，但磨削热量分配比 R_w 减小，导致磨削热流量增加不多，载荷作用时间减小，进而使磨削温度降低，导致齿面残余应力增幅减小。

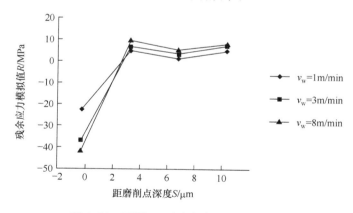

图 3.14　不同 v_w 下残余应力模拟值分布

另外，通过力热耦合有限元分析，面齿轮采用水基磨削液等湿磨时比干磨时的磨削残余应力明显减小，这是因为湿磨时，滑擦摩擦系数减小，导致切向磨削分力 F_t 减小，磨削热量分配比 R_w 和磨削热流量 q 显著减少，磨削温度下降，由力热耦合引起的应力降低，从而使磨削表层残余应力减小[22]。

3.4　磨削残余应力实验及分析

3.4.1　实验方法及条件

实验采用 X 射线衍射法,其基本原理是测量衍射线位移,即残余应变,然后根据胡克定律计算得到残余应力。具体方法是用波长 λ 的 X 射线,以不同的入射角照射到齿面表面上,测得相应的衍射角 2θ,便可求得沿齿面方向某一方位角 φ 上的残余应力 σ_φ 为[18]

$$\sigma_\varphi = KM \tag{3.10}$$

式中,$K = -\dfrac{E}{2(1+\nu)}\cot\theta_0 \dfrac{\pi}{180}$,$K$ 为应力系数,当试件材料、衍射面、入射波长固定时,K 为常数;$M = \dfrac{\partial(2\theta)}{\partial(\sin^2\varphi)}$,$M$ 为 2θ 对 $\sin^2\varphi$ 直线的斜率。当 $M < 0$ 时,为拉应力;当 $M > 0$ 时,为压应力;当 $M = 0$ 时,无应力。其中,E 为材料的弹性模量;ν 为材料的泊松比;θ_0 为无应力时的布拉格角;φ 为应力测量时的倾斜角,即衍射晶面法线与齿面法向之间的夹角。

实验条件采用与磨削残余应力有限元分析时相同的磨削条件及齿坯参数,实验仪器采用日本理学转靶 X 射线衍射仪 D/max 2550(18kW),其外观如图 3.15 所示。

图 3.15　转靶 X 射线衍射仪 D/max 2550(18kW)外观图

实验前,将磨出的弧齿锥齿轮大轮或面齿轮用线切割切出一个齿样,将齿面用酒精擦拭干净,并将齿样固定在衍射仪工作台上。实验时使用 Cu 靶辐射源,X 射

线波长 $\lambda=0.15406\mathrm{mm}$，管流 300mA，管压 40kV，倾斜角 φ 依次取值 $0°$、$10°$、$20°$、$30°$，扫描角度为 $131°\sim142°$。

3.4.2　螺旋锥齿轮磨削残余应力实验及分析

实验中用扩口杯砂轮磨削弧齿锥齿轮成形法大轮，干磨下磨削用量为 $a_\mathrm{p}=0.01\mathrm{mm}$、$v_\mathrm{s}=20.5\mathrm{m/s}$、$v_\mathrm{w}=4\mathrm{m/min}$，其他磨削条件如表 2.7 所示。实验测出弧齿锥齿轮大轮齿凹面上磨削节点 1423，齿面里层节点 2265、2892 和 2519，以及齿凸面上节点 1817 等五个节点的残余应力实测值，与同样五个节点模拟值的对比分析如表 3.2 和图 3.16 所示，图表中第一个节点和第五个节点分别为齿凹面和齿凸面上的节点。

表 3.2　干磨时弧齿锥齿轮大轮磨削残余应力实测值与模拟值的对比分析

节点序号	距磨削点深度 /μm	残余应力实测值 /MPa	残余应力模拟值 /MPa	模拟值与实测值的相对误差/%
1	0	−58.096	−47	19.1
2	3.6357	10.187	9.005	−11.6
3	6.2944	7.195	6.490	−9.8
4	7.7652	9.261	8.113	−12.4
5	10.7418	−64.437	−53.934	16.3

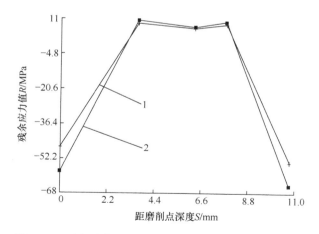

图 3.16　干磨时磨削残余应力模拟值与实测值比较曲线

1-模拟值；2-实测值

从表 3.2 和图 3.16 中可以看出，螺旋锥齿轮磨削残余应力模拟绝对值比实测绝对值要小，相对误差最高达 19.1%。这主要受两方面因素影响，一方面是实测所用的 X 射线衍射法透射深度有限等导致测量本身存在误差；另一方面是有限元法做了条件假设和简化处理，使计算模型与实际情况有一定的差别。但总体来说，此误差不大，说明磨削残余应力的力热耦合有限元分析较为有效。

通过进一步分析得出，螺旋锥齿轮凹面产生的磨削残余压应力比凸面产生的磨削残余应力要小[20]；在其他条件相同时，干磨时磨削残余应力比湿磨时残余应力要大；磨削表面残余压应力随螺旋角 β 以及 λ、α_t 和 α_s 的增大有所提高。

3.4.3　面齿轮磨削残余应力实验及分析

实验中正交面齿轮的磨削用量为：$a_p = 0.02\text{mm}$、$v_s = 30.5\text{m/s}$、$v_w = 1\text{m/min}$，其他磨削条件与 3.3.3 节相同。实验测出齿面上 A 点处中心节点 5885 和沿齿厚方向节点 13264、12548、6625 这四个节点的残余应力值，与同样四个节点模拟值的对比分析如表 3.3 和图 3.17 所示。

表 3.3　面齿轮磨削残余应力实测值与模拟值的对比分析

节点序号	距磨削点深度 S /μm	残余应力实测值 /MPa	残余应力模拟值 /MPa	模拟值与实测值的相对误差/%
1	0	-51.152	-42.025	17.8
2	3.1523	10.560	9.850	-6.7
3	6.3856	6.913	5.846	-15.4
4	10.8568	9.351	8.324	-10.9

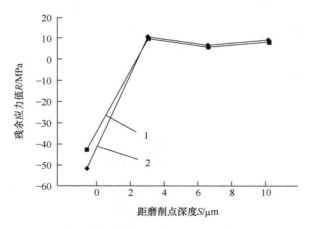

图 3.17　面齿轮磨削残余应力模拟值与实测值对比曲线

1-模拟值；2-实测值

由表 3.3 和图 3.17 可知,实测值与模拟值之间的相对误差最大值为 17.8%,这主要有两方面原因:一方面是有限元模拟分析时有一定的条件假设和简化处理,从而使求解数值与实际有差别;另一方面是测量本身的误差,主要是 X 射线衍射法的倾斜角选择和透射深度有限等造成一定误差。总体而言,其误差较小,说明力热耦合有限元模拟分析面齿轮表层残余应力的研究有效。

第4章　点接触共轭曲面磨削齿面误差

4.1　基于多体系统理论的数控磨床误差建模与分析

4.1.1　多体系统运动误差分析

工程实际中涌现出来的大量工程对象,如航空航天器、车辆、兵器、机器人、机床等,都可以用若干柔性体或刚性体组成的系统模型加以概括和抽象,将这种系统模型称为多体系统(multi-body system)。通过这种高度的概括和抽象,可以使人们在更广泛的范围内和更深刻的层次上把握事物的本质,反过来又可以更好地指导人们对工程对象进行研究、设计和分析[23]。

多体系统的研究内容包括运动学和动力学两个方面。运动学是探讨多体系统的组成元件运动行为的科学,是研究动力学的基础。它着重的是对运动的描述,不涉及产生这些运动的原因,也不考虑元件的质量,通常仅限于质点和刚体组成的系统。在实际的工程对象中,由于组成机器的各个零件的制造和安装误差,各运动件的实际运动轨迹与理想运动轨迹产生偏差,使应有的运动得不到完成。因此,有必要对多体系统运动的误差进行分析[24]。

1. 多体系统的拓扑结构描述

多体系统理论的基本问题是对多体系统进行拓扑结构描述,即采用某种数字化的形式将实际系统及其连接形式表达出来,便于编制通用的计算机程序。目前常用的方法有 Wittenburg 的关联矩阵法、Ho 的直接路径法、Huston 的低序体阵列法。低序体阵列是用来描述多体系统拓扑结构关联关系的有效方法,是多体系统运动学理论的核心内容之一。将复杂机械系统抽象成体的形式,通过低序体号的定义和运算构成低序体阵列,便可得到清晰的关联关系,此方法形式简洁,效率高[4]。

图 4.1 为一般多体系统,设惯性参考系 R 为 B_0 体(图 4.1 中用其下标表示,其余类同),任选一体为 B_1 体,然后沿着远离 B_1 的方向,按自然增长数列,从一个分支到另一个分支,依次为各体编号,直至全部体标定完毕。

如 K 为系统中任意典型体,J 为其相邻低序体,令

$$L(K) = J \tag{4.1}$$

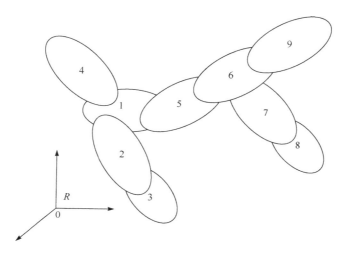

图 4.1　一般多体系统

式中，L 为低序体算子，可定义为

$$L^n(K) = L(L^{n-1}(K)) \tag{4.2}$$

式中，n、K 为自然数，补充定义：

$$L^0(K) = K \tag{4.3}$$
$$L(0) = 0 \tag{4.4}$$

则多体系统的任何一个物体都可以通过低序体阵列追溯到惯性坐标系中，也可以推得任意两个体之间的关联关系[23]。

图 4.1 所示多体系统的低序体阵列见表 4.1。低序体阵列 $L(K)$ 描述了开环多体系统的拓扑构造特点，揭示了系统中各体的连接构造关系，在 $L^1(K)$ 中未列出的序号对应末端体，如图 4.1 中的 B_3、B_4、B_8、B_9；在 $L^1(K)$ 中重复出现的序号为分支体，如 B_1、B_6。除了末端体和分支体，其他物体称为中间体，$L(K)$ 将各体联系起来。对于典型体 B_k，低序体阵列给出了 B_k 及其所在分支的所有低序体序号。

表 4.1　多体系统的低序体阵列

典型体 K	1	2	3	4	5	6	7	8	9
$L^0(K)$	1	2	3	4	5	6	7	8	9
$L^1(K)$	0	1	2	1	1	5	6	7	6
$L^2(K)$	0	0	1	0	0	1	5	6	5
$L^3(K)$	0	0	0	0	0	0	1	5	1
$L^4(K)$	0	0	0	0	0	0	0	1	0
$L^5(K)$	0	0	0	0	0	0	0	0	0

2. 多体系统中典型体的几何描述

多体系统中的典型体 B_k 及其相邻低序体 B_j 如图 4.2 所示。首先建立广义坐标系，即在惯性体 B_o 和典型体 B_k、B_j 上分别建立自己的与体固定连接的静坐标系 $R(O_o\text{-}x_o y_o z_o)$ 和动坐标系 $R_k(O_k\text{-}x_k y_k z_k)$、$R_j(O_j\text{-}x_j y_j z_j)$、$Q_k(O_k\text{-}x_k y_k z_k)$，其中坐标系 R_k 和 R_j 分别为 B_k 体和 B_j 体的参考坐标系，它们各自在坐标轴 x、y、z 方向上的右旋正交基矢量组分别表示为 (n_{k1},n_{k2},n_{k3})、(n_{j1},n_{j2},n_{j3})，坐标系 Q_k 为 B_k 体的运动参考坐标系。Q_k 固定在 B_j 体上，它相对于原点 O_j 用固连在 B_j 体上的位置矢量 q_k 描述，用 O_k 相对于 Q_k 的位移矢量 s_k 描述 B_k 体相对 B_j 体的相对移动。右旋正交基矢量组 (n_{k1},n_{k2},n_{k3}) 相对于右旋正交基矢量组 (n_{j1},n_{j2},n_{j3}) 的姿态及其变化表示 B_k 体相对于 B_j 体的转动状况。这样，典型体 B_k 相对于其相邻低序体 B_j 的位置和姿态就等价于坐标系 $R_k(O_k\text{-}x_k y_k z_k)$ 和 $R_j(O_j\text{-}x_j y_j z_j)$ 之间的相对位置和姿态。令 3×3 变换矩阵 $[SJK]$ 的各元素 $[SJK]_{mn}$ 分别为

$$[SJK]_{mn} = n_{jm} \cdot n_{kn}, \quad m,n=1,2,3 \tag{4.5}$$

则右旋正交基矢量组 (n_{j1},n_{j2},n_{j3}) 与右旋正交基矢量组 (n_{k1},n_{k2},n_{k3}) 的关系可以表示为

$$[n_{k1},n_{k2},n_{k3}] = [n_{j1},n_{j2},n_{j3}][SJK]_{mn} \tag{4.6}$$

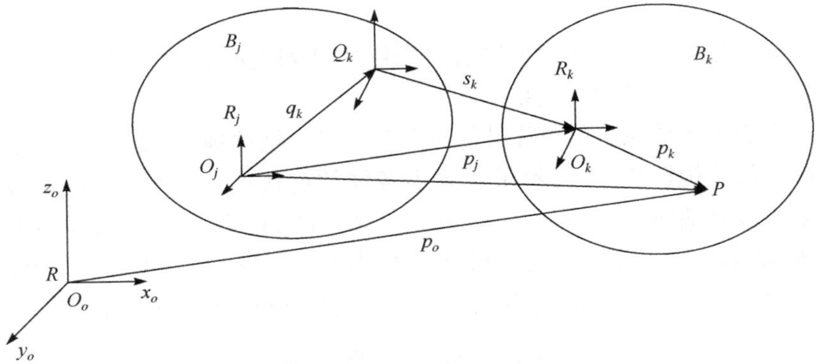

图 4.2　多体系统中典型体 B_k 及其相邻低序体 B_j 的关系示意图

变换矩阵 $[SJK]$ 描述了相邻体参考坐标系间的相互变换关系，称为相邻体变换矩阵。这样就可以将对多体系统中各体的研究转化为对各坐标系的研究，从而方便并简化了对多体系统运动学的研究[25]。

3. 理想情况下多体系统中的位置表达

由图 4.2 可得 O_k 在惯性系 $R(O_o\text{-}x_o y_o z_o)$ 中的矢量表达为

$$\overrightarrow{O_oO_k} = \sum_{t=0}^{u}(q_v + s_v) \tag{4.7}$$

式中, q_v 为包含 B_k 体分支内的任意体 B_v 的位置矢量; s_v 为包含 B_k 体分支内的任意体 B_v 的位移矢量。

如令 $[SOK]$ 为 B_k 体相对于 R 的变换矩阵,变换矩阵遵循传递法则,则有

$$[SOK] = \prod_{t=0}^{u}[SSV] \tag{4.8}$$

式中, $V=L^t(K)$, $S=L(V)$ 。

典型体 B_k 位置方程的矩阵表达式为

$$\{O_oO_k\}_R = \sum_{t=0}^{u}[SOK]\{\{q_v\}_{R_s} + \{s_v\}_{R_s}\} \tag{4.9}$$

式中, $\{O_oO_k\}_R$ 为 B_k 体参考点 O_k 在参考系 R 中位置矢量分量列阵表达式; $\{q_v\}_{R_s}$ 和 $\{s_v\}_{R_s}$ 分别为 q_v 和 s_v 在 R_v 中的分量列阵。

B_k 体上任意点 P 在参考系 R 中的表达式为

$$\{p_o\}_R = \{O_oO_k\}_R + [SOK]\{p_k\}_{R_k} \tag{4.10}$$

4. 实际情况下多体系统中的位置表达

在实际情况下,由于各种不确定因素引起误差,多体系统理论理想位置表达式不能准确地描述多体系统的运动状态[26]。为达到精度控制的目的,必须建立与误差条件相适应的多体系统的位置表达式。考虑实际误差后,相邻体相对运动示意图如图 4.3 所示。当位移 s_k 为零、位移误差 s_{ke} 为零时,有 O_k 与 Q_k 重合。 q_k 表示 B_j 体原点 O_j 和 B_k 体原点 O_k 间的初始位置矢量, q_{ke} 表示位置误差矢量。 s_k 表示 B_k 体相对 B_j 体的位移矢量, s_{ke} 表示位移误差矢量。当机床部件发生位移时,位移即位置增量,此时在位置矢量和位移量之间的 Q_k 点增设一个坐标系 R_{kp} ,并将 R_k 改为 R_{ks} ,且定义 R_{kp} 为位置参考坐标系, R_{ks} 为位移参考坐标系。

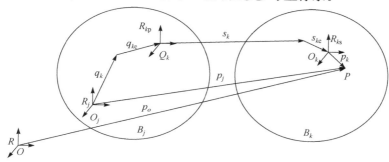

图 4.3　实际含有误差时多体系统中典型体及其相邻低序体

依图 4.3,根据矢量关系,可得矢量表达式和矩阵表达式:

$$\overrightarrow{O_jO_k}=q_k+q_{ke}+s_k+s_{ke} \tag{4.11}$$

$$\{O_jO_k\}=[SOJ]\{q_k+q_{ke}\}_{R_j}+[SOK_p]\{s_k+s_{ke}\}_{R_{kp}} \tag{4.12}$$

如不考虑误差,可得

$$[SJK]=[SJK]_p[SJK]_s \tag{4.13}$$

$[SJK]_p$ 为 B_k 体与 B_j 体相对位置间的方位变换矩阵,即

$$
[SJK]_p=
\begin{bmatrix}
1 & 0 & 0 \\
0 & C\alpha_k & -S\alpha_k \\
0 & S\alpha_k & C\alpha_k
\end{bmatrix}
\begin{bmatrix}
C\beta_k & 0 & S\beta_k \\
0 & 1 & 0 \\
-S\beta_k & 0 & C\beta_k
\end{bmatrix}
\begin{bmatrix}
C\gamma_k & S\gamma_k & 0 \\
-S\gamma_k & C\gamma_k & 0 \\
0 & 0 & 1
\end{bmatrix}
$$

$$
=
\begin{bmatrix}
C\beta_kC\gamma_k & -C\beta_kS\gamma_k & S\beta_k \\
(C\alpha_kS\gamma_k+S\alpha_kS\beta_kC\gamma_k) & (C\alpha_kC\gamma_k-S\alpha_kS\beta_kS\gamma_k) & -S\alpha_kC\beta_k \\
(S\alpha_kS\gamma_k-C\alpha_kS\beta_kC\gamma_k) & (S\alpha_kC\gamma_k+C\alpha_kS\beta_kS\gamma_k) & C\alpha_kC\beta_k
\end{bmatrix}
\tag{4.14}
$$

式中,C 代表余弦函数 cos;S 代表正弦函数 sin;α_k、β_k、γ_k 为 B_k 体相对于 B_j 体的卡尔丹角。

令 α_{kep}、β_{kep}、γ_{kep} 表示位置方位误差,由于 α_{kep}、β_{kep}、γ_{kep} 都是一个较小的值,可近似取 $\cos\alpha_{kep}\approx1,\sin\alpha_{kep}\approx\alpha_{kep}$。其余类推,则位姿方位误差矩阵 $[SJK]_{pe}$ 可简化为

$$
[SJK]_{pe}=
\begin{bmatrix}
1 & -\gamma_{kep} & \beta_{kep} \\
\gamma_{kep} & 1 & -\alpha_{kep} \\
-\beta_{kep} & \alpha_{kep} & 1
\end{bmatrix}
\tag{4.15}
$$

对于机床,两相邻部件间(如 B_k 体和 B_j 体)的运动形式为平动或转动。由前面典型体间的相对运动等价于其坐标间的运动,在各种形式的运动中,把围绕坐标轴 x、y、z 的运动作为基本运动,其他复杂形式的运动均可以由这三种基本运动得到[25]。相邻体 B_k 和 B_j 坐标间绕 x、y、z 轴转动的变换形式如图 4.4 所示。

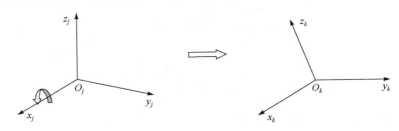

(a) 绕 x 轴转动

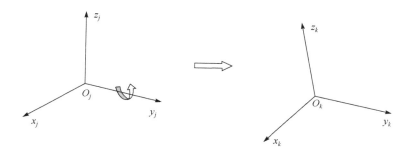

(b) 绕 y 轴转动

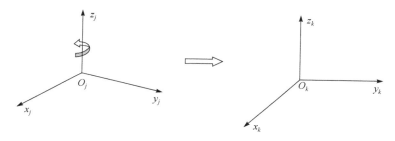

(c) 绕 z 轴转动

图 4.4　典型相邻体坐标系间的相对转动变换

当 B_k 体相对于 B_j 体绕 x 轴转动 α 角时，其对应的变换矩阵为

$$[SJK]_s(\alpha) = \begin{bmatrix} 1 & 0 & 0 \\ 0 & \cos\alpha & -\sin\alpha \\ 0 & \sin\alpha & \cos\alpha \end{bmatrix} \tag{4.16}$$

当 B_k 体相对于 B_j 体绕 y 轴转动 β 角时，其对应的变换矩阵为

$$[SJK]_s(\beta) = \begin{bmatrix} \cos\beta & 0 & \sin\beta \\ 0 & 1 & 0 \\ -\sin\beta & 0 & \cos\beta \end{bmatrix} \tag{4.17}$$

当 B_k 体相对于 B_j 体绕 z 轴转动 γ 角时，其对应的变换矩阵为

$$[SJK]_s(\gamma) = \begin{bmatrix} \cos\gamma & \sin\gamma & 0 \\ -\sin\gamma & \cos\gamma & 0 \\ 0 & 0 & 1 \end{bmatrix} \tag{4.18}$$

当 B_k 体相对于 B_j 体的运动为平动时，位移变换矩阵为单位阵，即

$$[SJK]_s = \begin{bmatrix} 1 & 0 & 0 \\ 0 & 1 & 0 \\ 0 & 0 & 1 \end{bmatrix} \tag{4.19}$$

令 α_{kes}、β_{kes}、γ_{kes} 表示位移方位误差,同上,当方位误差非常小时,可取 $\cos\alpha_{kes}\approx$ 1,$\sin\alpha_{kes}\approx\alpha_{kes}$,则位移的方位误差矩阵 $[SJK]_{se}$ 可表示为

$$[SJK]_{se} = \begin{bmatrix} 1 & -\gamma_{kes} & \beta_{kes} \\ \gamma_{kes} & 1 & -\alpha_{kes} \\ -\beta_{kes} & \alpha_{kes} & 1 \end{bmatrix} \tag{4.20}$$

当存在方位误差时,根据传递关系,则有

$$[SJK]=[SJK]_{p}[SJK]_{pe}[SJK]_{s}[SJK]_{se} \tag{4.21}$$

如图 4.2 所示,对于典型体上任意点 P,可知其在参考系 R 中的位置方程应为

$$\{OP\}_R = \sum_{t=0}^{u} \{[SOS]\{q_v+q_{ve}\}_{R_s} + [SOV_p]\{s_v+s_{ve}\}_{R_{vp}} + [SOK_s]\{p_k\}_{R_{ks}}\} \tag{4.22}$$

5. 应用 Denavit-Hartenberg 齐次变换矩阵描述多体系统

对于图 4.1 所示的多体系统,将相邻体的 3×3 变换矩阵转换成 4×4 阶 Denavit-Hartenberg 齐次变换矩阵,可同时描述物体间的位置和姿态关系,使表达和运算都更为明确与简洁[25]。

1) 典型体上给定点和矢量的齐次坐标表达

对于空间点 P,如果在笛卡儿三坐标向量上再加上 1,构成一个四维列向量:

$$P=\begin{bmatrix} \{p_i\} \\ 1 \end{bmatrix}=(P_1,P_2,P_3)^{\mathrm{T}}, \quad i=1,2,3 \tag{4.23}$$

则称为点 P 的齐次坐标,P_1、P_2 和 P_3 确定了点 P 的坐标。

对于空间矢量 V,则在其三个笛卡儿坐标轴上的投影加上 0 构成四维列向量:

$$V=(v_1,v_2,v_3,0)^{\mathrm{T}} \tag{4.24}$$

式中,v_1、v_2、v_3 为矢量 V 的分量。

2) 理想情况下相邻体间的变换矩阵

如图 4.2 所示,根据齐次坐标表达,对多体系统的两个典型相邻体,把 3×3 变换矩阵 $[SJK]$ 与矢量 q_i 组合起来,可以形成 4×4 阶变换矩阵 $[AJK]$,其形式如下:

$$[AJK]=\begin{bmatrix} [SJK] & \{q_i\} \\ 0 & 1 \end{bmatrix} \tag{4.25}$$

例如,用 $[AJK]_p$ 表示在理想状态下以 Q_k 为原点坐标系相对于以 O_j 为原点坐标系位置方位的变换矩阵,则由 Q_k 与 O_j 坐标系间的位置方位变换矩阵 $[SJK]_p$ 和位置矢量 $\{q_k\}$ 可得

$$
[AJK]_{\mathrm{p}} = \begin{bmatrix} \mathrm{C}\beta_k \mathrm{C}\gamma_k & -\mathrm{C}\beta_k \mathrm{S}\gamma_k & \mathrm{S}\beta_k & q_{kx} \\ (\mathrm{C}\alpha_k \mathrm{S}\gamma_k + \mathrm{S}\alpha_k \mathrm{S}\beta_k \mathrm{C}\gamma_k) & (\mathrm{C}\alpha_k \mathrm{C}\gamma_k - \mathrm{S}\alpha_k \mathrm{S}\beta_k \mathrm{S}\gamma_k) & -\mathrm{S}\alpha_k \mathrm{C}\beta_k & q_{ky} \\ (\mathrm{S}\alpha_k \mathrm{S}\gamma_k - \mathrm{C}\alpha_k \mathrm{S}\beta_k \mathrm{C}\gamma_k) & (\mathrm{S}\alpha_k \mathrm{C}\gamma_k + \mathrm{C}\alpha_k \mathrm{S}\beta_k \mathrm{S}\gamma_k) & \mathrm{C}\alpha_k \mathrm{C}\beta_k & q_{kz} \\ 0 & 0 & 0 & 1 \end{bmatrix}
$$

$$
= \begin{bmatrix} 1 & -\gamma_k & \beta_k & q_{kx} \\ \gamma_k & 1 & -\alpha_k & q_{ky} \\ -\beta_k & \alpha_k & 1 & q_{kz} \\ 0 & 0 & 0 & 1 \end{bmatrix} \tag{4.26}
$$

式中，C 代表余弦函数 cos；S 代表正弦函数 sin。

同理可得，由 O_k 与 Q_k 坐标系间的位移方位变换矩阵 $[SJK]_s$ 和位移矢量 $\{s_k\}$ 确定的坐标系间的位移方位变换矩阵 $[AJK]_s$ 的表达式。

用 Denavit-Hartenberg 齐次变换矩阵的运算来描述多体系统中相邻体的变换，为计算机建模提供了方便，推广了多体系统运动学在实际中的运用。

3）典型体上给定点的位置表达

如图 4.2 所示，理想状况下，若 p_k、p_j 和 p_o 分别是典型体 B_k 上给定点 P 在体坐标系 n_k、n_j 及参考系 R 中的矢径，$\{p_k\}$、$\{p_j\}$ 和 $\{p_o\}$ 分别为 $\{p_{k1}, p_{k2}, p_{k3}\}^{\mathrm{T}}$、$\{p_{j1}, p_{j2}, p_{j3}\}^{\mathrm{T}}$ 和 $\{p_{o1}, p_{o2}, p_{o3}\}^{\mathrm{T}}$，则 $\{p_j\}$ 可表示为

$$
\begin{bmatrix} \{p_j\} \\ 1 \end{bmatrix} = [AJK] \begin{bmatrix} \{p_k\} \\ 1 \end{bmatrix} \tag{4.27}
$$

典型体上给定点 P 在惯性坐标系中的位置矢量 p_o 可表示为

$$
\begin{bmatrix} \{p_o\} \\ 1 \end{bmatrix} = [AOK] \begin{bmatrix} \{p_k\} \\ 1 \end{bmatrix} \tag{4.28}
$$

式中

$$
[AOK] = \prod_{t=0}^{u} [ASV] \tag{4.29}
$$

$[AOK]$ 为理想状态下，典型体 B_k 坐标系相对于惯性坐标系 R 的总变换矩阵。

相邻体间位移方位的变换矩阵 $[ASV]_s$ 可按下列公式确定，低序体传递分支中的任意体 B_v 相对其相邻低序体 B_s 沿 x 轴、y 轴和 z 轴移动时，$[ASV]_s$ 可分别表示为

$$
[ASV]_s(x) = \begin{bmatrix} 1 & 0 & 0 & x \\ 0 & 1 & 0 & 0 \\ 0 & 0 & 1 & 0 \\ 0 & 0 & 0 & 1 \end{bmatrix} \tag{4.30}
$$

$$[ASV]_s(y) = \begin{bmatrix} 1 & 0 & 0 & 0 \\ 0 & 1 & 0 & y \\ 0 & 0 & 1 & 0 \\ 0 & 0 & 0 & 1 \end{bmatrix} \tag{4.31}$$

$$[ASV]_s(z) = \begin{bmatrix} 1 & 0 & 0 & 0 \\ 0 & 1 & 0 & 0 \\ 0 & 0 & 1 & z \\ 0 & 0 & 0 & 1 \end{bmatrix} \tag{4.32}$$

当任意体相对其相邻低序体分别绕 x 轴、y 轴和 z 轴转动时，$[ASV]_s$ 可分别表示为

$$[ASV]_s(\alpha) = \begin{bmatrix} 1 & 0 & 0 & 0 \\ 0 & \cos\alpha & -\sin\alpha & 0 \\ 0 & \sin\alpha & \cos\alpha & 0 \\ 0 & 0 & 0 & 1 \end{bmatrix} \tag{4.33}$$

$$[ASV]_s(\beta) = \begin{bmatrix} \cos\beta & 0 & \sin\beta & 0 \\ 0 & 1 & 0 & 0 \\ -\sin\beta & 0 & \cos\beta & 0 \\ 0 & 0 & 0 & 1 \end{bmatrix} \tag{4.34}$$

$$[ASV]_s(\gamma) = \begin{bmatrix} \cos\gamma & \sin\gamma & 0 & 0 \\ -\sin\gamma & \cos\gamma & 0 & 0 \\ 0 & 0 & 1 & 0 \\ 0 & 0 & 0 & 1 \end{bmatrix} \tag{4.35}$$

根据不同情况，选用适当的关系式分别代入式(4.26)，即可将理想情况下 p_o 在坐标系 R 中的具体位置求出。

考虑误差后，如图 4.3 所示，引入位置误差矢量 q_{ke} 及位移误差矢量 s_{ke}，相邻体间的变换矩阵变为

$$[ASV] = [ASV]_p [ASV]_{pe} [ASV]_s [ASV]_{se} \tag{4.36}$$

式中，$[ASV]_p$ 为理想情况下低序体分支中任意体的运动参考坐标系相对于其低序体参考坐标系的位置变换矩阵；$[ASV]_s$ 为理想情况下低序体分支中任意体的参考坐标系相对于其体运动参考坐标系的位移变换矩阵；$[ASV]_{pe}$ 为任意体位置误差变换矩阵；$[ASV]_{se}$ 为任意体位移误差变换矩阵。

在有误差的情况下，式(4.29)中 $[AOK]$ 的表达式变为

$$[AOK] = \prod_{t=0}^{u} ([ASV]_p [ASV]_{pe} [ASV]_s [ASV]_{se}) \tag{4.37}$$

那么，典型体上给定点 P 在惯性坐标系 R 中的实际位姿可表示为

$$\begin{bmatrix} \langle p_0 \rangle \\ 1 \end{bmatrix} = \prod_{t=0}^{u} ([ASV]_{\mathrm{p}} [ASV]_{\mathrm{pe}} [ASV]_{\mathrm{s}} [ASV]_{\mathrm{se}}) \begin{bmatrix} \langle p_k \rangle \\ 1 \end{bmatrix} \tag{4.38}$$

从式(4.38)可以看出,只要确定了相邻体间各种变换矩阵,即可得到典型体上给定点在惯性系中的坐标位置。

6. 数控磨床的几何误差源与几何误差描述

一个物体在空间由 6 个自由度来确定其位置,这些自由度构成了 3 个平移和 3 个转角,所以一个物体的实际位置和方向与期望值相比具有 6 个误差源。数控机床的主轴箱、立柱等都是在空间被限制了 5 个自由度的物体,由于导轨的几何缺陷,它们在运动中表现出直线度误差、绕 3 个轴的转角误差和沿导轨定位误差[26]。

图 4.5 为立柱-导轨系统的几何运动误差,δ 表示平移运动误差、ε 表示转角运动误差;下标表示平移误差的作用方向或转角误差转动轴的方向;括号内的字母表示平移运动的方向,所有误差都是移动距离的函数。

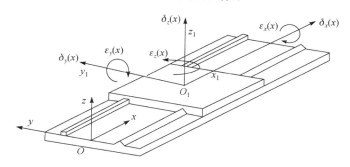

图 4.5　立柱-导轨系统的几何运动误差

机床的旋转工作台等是在空间被限制了 5 个自由度的物体,由于旋转主轴的几何缺陷,它在运动中表现出绕 3 个轴的转角误差和沿 3 个坐标轴的定位误差。图 4.6 为转动部件的几何运动误差。与直线运动的几何误差定义相似,δ 表示平移运动误差,ε 表示转角运动误差;下标表示平移误差的作用方向或转角误差转动轴的方向,括号内的变量表示转动的角度,所有误差都是转动角度的函数。

4.1.2　螺旋锥齿轮数控磨床综合误差模型

1. 螺旋锥齿轮数控磨床的拓扑结构分析

基于多体系统理论描述六轴五联动数控螺旋锥齿轮磨床拓扑结构,首先要为其各部分编号[27]。根据六轴五联动数控螺旋锥齿轮磨床的结构简图(图 1.8),对磨床各部件做以下处理。

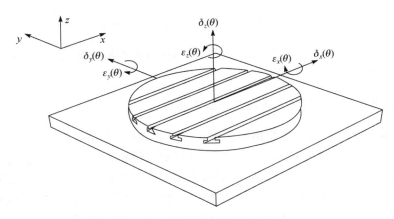

图 4.6　转动部件的几何运动误差

大地作为 B_0 体,床身(1)作为 B_1 体,将磨床系统分为两个分支。

分支一:床身(1)、床鞍(2)、工作台(3)、工件主轴(4)、工件(5)。

分支二:床身(1)、立柱(6)、主轴箱(7)、砂轮主轴(8)、砂轮(9)。

对于分支一,以床身 B_1 体为起点,沿远离 B_1 的方向,依自然增长的数列依次标定每个部件的序号 $B_1 \sim B_n$(n 为分支一中部件的数目);然后沿分支二进行磨床部件的标号 $B_{n+1} \sim B_{n+m-1}$(m 为分支二部件数目),直至标号完毕。

根据上面标号原则,六轴五联动数控螺旋锥齿轮磨床的各部件标号为[4]

床身 B_1、床鞍 B_2、工作台 B_3、工件主轴 B_4、工件 B_5

立柱 B_6、主轴箱 B_7、砂轮主轴 B_8、砂轮 B_9

其中,工件 B_5 和砂轮 B_9 分别为分支一和分支二的末端体。

根据以上六轴五联动数控螺旋锥齿轮磨床的拓扑结构描述,得到如表 4.2 和图 4.7 所示磨床的低序体阵列及其拓扑结构示意图。

表 4.2　螺旋锥齿轮磨床低序体阵列

典型体 K	1	2	3	4	5	6	7	8	9
$L^0(K)$	1	2	3	4	5	6	7	8	9
$L^1(K)$	0	1	2	3	4	1	6	7	8
$L^2(K)$	0	0	1	2	3	0	1	6	7
$L^3(K)$	0	0	0	1	2	0	0	1	6
$L^4(K)$	0	0	0	0	1	0	0	0	1
$L^5(K)$	0	0	0	0	0	0	0	0	0

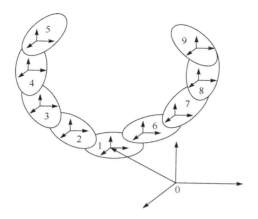

图 4.7　螺旋锥齿轮磨床的拓扑结构

2. 螺旋锥齿轮数控磨床的误差模型建立

1) 磨床误差分析

整个磨床的坐标系如图 4.8 所示。X_1、Y_1 与 Z_1 分别是床身 B_1 坐标系 $S_1(O_1\text{-}X_1Y_1Z_1)$ 的 3 个轴；X_2、Y_2 与 Z_2 分别是床鞍 B_2 坐标系 $S_2(O_2\text{-}X_2Y_2Z_2)$ 的 3 个轴，以下类同[28]。

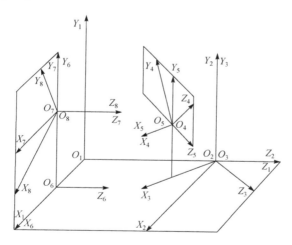

图 4.8　螺旋锥齿轮磨床坐标系

由于磨床装配与制造误差以及其他因素的影响，无论任意体 B_v 相对其相邻低序体 B_s 是移动还是转动，都存在 3 个方向的角度误差分量 $\{\alpha(t),\beta(t),\gamma(t)\}$ 和 3 个沿坐标轴的平移误差分量 $\{\Delta a(t),\Delta b(t),\Delta c(t)\}$，并且均为微小量。基于小误差假设，如果这 6 个分量全部存在，利用 4×4 阶 Denavit-Hartenberg 齐次变换矩

阵,此时位姿误差矩阵为

$$
e=\begin{bmatrix}
1 & -\gamma(t) & \beta(t) & \Delta a(t) \\
\gamma(t) & 1 & -\alpha(t) & \Delta b(t) \\
-\beta(t) & \alpha(t) & 1 & \Delta c(t) \\
0 & 0 & 0 & 1
\end{bmatrix}
\tag{4.39}
$$

在磨床实际加工过程中,它是从非平稳状态过渡到平稳状态,这些误差都是随着温度 t 变化的。经过分析,磨床包含 39 个几何与热误差元素[29]。

(1) 立柱 B_6 运动时,有 6 个误差元素:线性位移误差 $\Delta X(x,t)$、Y_6 向及 Z_6 向的直线度误差 $\int_0^x \gamma(x,t)\mathrm{d}x$ 及 $-\int_0^x \beta(x,t)\mathrm{d}x$;滚转误差 $\alpha(x,t)$、俯仰误差 $\beta(x,t)$ 和偏摆误差 $\gamma(x,t)$。

(2) 主轴箱 B_7 运动时,有 6 个误差元素:线性位移误差 $\Delta Y(y,t)$、X_7 向及 Z_7 向的直线度误差 $-\int_0^y \gamma(y,t)\mathrm{d}y$ 及 $\int_0^y \alpha(y,t)\mathrm{d}y$;滚转误差 $\beta(y,t)$、俯仰误差 $\alpha(y,t)$ 和偏摆误差 $\gamma(y,t)$。

(3) 床鞍 B_2 运动时,有 6 个误差元素:线性位移误差 $\Delta Z(z,t)$、X_2 向及 Y_2 向的直线度误差 $\int_0^z \beta(z,t)\mathrm{d}z$ 及 $-\int_0^z \alpha(z,t)\mathrm{d}z$;滚转误差 $\gamma(z,t)$、俯仰误差 $\alpha(z,t)$ 和偏摆误差 $\beta(z,t)$。

(4) 工件主轴 B_4 转动时,有 6 个误差元素:在坐标系 S_4 中 3 个方向的移动误差 $\Delta X(\theta_x,t)$、$\Delta Y(\theta_x,t)$、$\Delta Z(\theta_x,t)$;绕坐标系 S_4 中 3 个轴的转角误差 $\alpha(\theta_x,t)$、$\beta(\theta_x,t)$、$\gamma(\theta_x,t)$。

(5) 工作台 B_3 转动时,有 6 个误差元素:在坐标系 S_3 中 3 个方向的移动误差 $\Delta X(\theta_y,t)$、$\Delta Y(\theta_y,t)$、$\Delta Z(\theta_y,t)$;绕坐标系 S_3 中 3 个轴的转角误差 $\alpha(\theta_y,t)$、$\beta(\theta_y,t)$、$\gamma(\theta_y,t)$。

(6) 砂轮主轴 B_8 转动时,有 6 个误差元素:在坐标系 S_8 中 3 个方向的移动误差 $\Delta X(\theta_z,t)$、$\Delta Y(\theta_z,t)$、$\Delta Z(\theta_z,t)$;绕坐标系 S_8 中 3 个轴的转角误差 $\alpha(\theta_z,t)$、$\beta(\theta_z,t)$、$\gamma(\theta_z,t)$。

(7) 由于加工和零件的装配误差,X、Y、Z 轴之间还存在垂直度误差 ε_{xy}、ε_{yz}、ε_{zx}。

2) 考虑误差的磨床系统相邻体间变换矩阵的建立

根据上述分析,此时磨床基坐标系 S_1 沿着 X_1 轴移动 x 距离时,它的实际齐次变换矩阵应为[29]

$$
A_{16} = \begin{bmatrix} 1 & -\gamma(x,t) & \beta(x,t) & x + \Delta X(x,t) \\ \gamma(x,t) & 1 & -\alpha(x,t) & \int_0^x \gamma(x,t)\mathrm{d}x \\ -\beta(x,t) & \alpha(x,t) & 1 & -\int_0^x \beta(x,t)\mathrm{d}x \\ 0 & 0 & 0 & 1 \end{bmatrix} \tag{4.40}
$$

式中, $\alpha(x,t)$、$\beta(x,t)$、$\gamma(x,t)$、$\Delta X(x,t)$、$\int_0^x \gamma(x,t)\mathrm{d}x$ 和 $-\int_0^x \beta(x,t)\mathrm{d}x$, 这些误差项都考虑了几何和热影响。

同理可得床身 B_1 与床鞍 B_2、立柱 B_6 与主轴箱 B_7 相邻体之间的变换矩阵:

$$
B_{12} = \begin{bmatrix} 1 & 0 & \varepsilon_{xz} & 0 \\ 0 & 1 & -\varepsilon_{yz} & 0 \\ -\varepsilon_{xz} & \varepsilon_{yz} & 1 & 0 \\ 0 & 0 & 0 & 1 \end{bmatrix} \tag{4.41}
$$

$$
A_{12} = \begin{bmatrix} 1 & -\gamma(z,t) & \beta(z,t) & \int_0^z \beta(z,t)\mathrm{d}z \\ \gamma(z,t) & 1 & -\alpha(z,t) & -\int_0^z \alpha(z,t)\mathrm{d}z \\ -\beta(z,t) & \alpha(z,t) & 1 & z + \Delta Z(z,t) \\ 0 & 0 & 0 & 1 \end{bmatrix} \tag{4.42}
$$

$$
B_{67} = \begin{bmatrix} 1 & -\varepsilon_{xy} & 0 & 0 \\ \varepsilon_{xy} & 1 & 0 & 0 \\ 0 & 0 & 1 & 0 \\ 0 & 0 & 0 & 1 \end{bmatrix} \tag{4.43}
$$

$$
A_{67} = \begin{bmatrix} 1 & -\gamma(y,t) & \beta(y,t) & -\int_0^y \gamma(y,t)\mathrm{d}y \\ \gamma(y,t) & 1 & -\alpha(y,t) & y + \Delta Y(y,t) \\ -\beta(y,t) & \alpha(y,t) & 1 & \int_0^y \alpha(x,t)\mathrm{d}y \\ 0 & 0 & 0 & 1 \end{bmatrix} \tag{4.44}
$$

由于制造及装配误差等影响, 实际转轴与理想转轴发生偏移和倾斜, 当磨床系统砂轮主轴 B_8 相对于相邻体主轴箱 B_7 转动角度 $(\theta_z + \gamma(\theta_z, t))$ ($\gamma(\theta_z, t)$ 为绕 C 轴 (z_7 方向) 旋转时产生的误差) 时, 变换矩阵为

$$
A_{78} = \begin{bmatrix} \cos(\theta_z + \gamma) & -\sin(\theta_z + \gamma) & \beta & \Delta X_z \\ \sin(\theta_z + \gamma) & \cos(\theta_z + \gamma) & -\alpha & \Delta Y_z \\ \alpha\sin(\theta_z + \gamma) & \beta\sin(\theta_z + \gamma) & 1 & \Delta Z_z \\ -\beta\cos(\theta_z + \gamma) & -\alpha\cos(\theta_z + \gamma) & & \\ 0 & 0 & 0 & 1 \end{bmatrix} \tag{4.45}
$$

式中，$\theta_z = \theta_z(t)$，$\gamma = \gamma(\theta_z, t)$，$\alpha = \alpha(\theta_z, t)$，$\beta = \beta(\theta_z, t)$，$\Delta X_z = \Delta X(\theta_z, t)$，$\Delta Y_z = \Delta Y(\theta_z, t)$，$\Delta Z_z = \Delta Z(\theta_z, t)$。

同理，也可以得到床鞍 B_2 与工作台 B_3、工作台 B_3 与工件主轴 B_4 相邻体之间的变换矩阵，分别为

$$A_{23} = \begin{bmatrix} \cos(\theta_y + \beta) & -\gamma & \sin(\theta_y + \beta) & \Delta X_y \\ \begin{matrix} \alpha\sin(\theta_y + \beta) \\ +\gamma\cos(\theta_y + \beta) \end{matrix} & 1 & \begin{matrix} \gamma\sin(\theta_y + \beta) \\ -\alpha\cos(\theta_y + \beta) \end{matrix} & \Delta Y_y \\ -\sin(\theta_y + \beta) & \alpha & \cos(\theta_y + \beta) & \Delta Z_y \\ 0 & 0 & 0 & 1 \end{bmatrix} \tag{4.46}$$

$$A_{34} = \begin{bmatrix} 1 & \begin{matrix} \beta\sin(\theta_x + \alpha) \\ -\gamma\cos(\theta_x + \alpha) \end{matrix} & \begin{matrix} \gamma\sin(\theta_x + \alpha) \\ +\beta\cos(\theta_x + \alpha) \end{matrix} & \Delta X_x \\ \gamma & \cos(\theta_x + \alpha) & -\sin(\theta_x + \alpha) & \Delta Y_x \\ -\beta & \sin(\theta_x + \alpha) & \cos(\theta_x + \alpha) & \Delta Z_x \\ 0 & 0 & 0 & 1 \end{bmatrix} \tag{4.47}$$

另外，假设工件 B_5 体坐标系在其主轴 B_4 体坐标系中的位置矢量为 $\{P_5\} = \{P_{5x}, P_{5y}, P_{5z}\}^T$，砂轮 B_9 体坐标系在其主轴 B_8 体坐标系中的位置矢量为 $\{P_9\} = \{P_{9x}, P_{9y}, P_{9z}\}^T$，在不考虑误差的情况下，它们之间的变换矩阵为

$$[A_{45}] = \begin{bmatrix} 1 & 0 & 0 & P_{5x} \\ 0 & 1 & 0 & P_{5y} \\ 0 & 0 & 1 & P_{5z} \\ 0 & 0 & 0 & 1 \end{bmatrix} \tag{4.48}$$

$$[A_{89}] = \begin{bmatrix} 1 & 0 & 0 & P_{9x} \\ 0 & 1 & 0 & P_{9y} \\ 0 & 0 & 1 & P_{9z} \\ 0 & 0 & 0 & 1 \end{bmatrix} \tag{4.49}$$

3）磨床误差模型的建立

（1）机床的加工过程中，如果各种误差为零，则磨削点的空间坐标系 S_9 与工件的空间坐标系 S_5 是重合的；但实际加工中，由于各种误差的存在，磨削点的空间坐标与工件的空间坐标发生分离，此时磨削点与工件之间的坐标变换矩阵就是所求的误差模型矩阵[30]。

根据多体系统理论并结合图 1.8 磨床的结构，得到磨床的误差模型，即

$$E = A_{34}^{-1} A_{23}^{-1} B_{12}^{-1} A_{12}^{-1} A_{16} B_{67} A_{67} A_{78} H_c^T \tag{4.50}$$

式中

$$H_c^{\mathrm{T}} = \begin{bmatrix} 1 & 0 & 0 & R \\ 0 & 1 & 0 & 0 \\ 0 & 0 & 1 & 0 \\ 0 & 0 & 0 & 1 \end{bmatrix}$$

（2）基于小误差假设，综合误差矩阵 E'' 为

$$E'' = \begin{bmatrix} 1 & -\Delta\varphi_z & \Delta\varphi_y & \Delta\xi_x \\ \Delta\varphi_z & 1 & -\Delta\varphi_x & \Delta\xi_y \\ -\Delta\varphi_y & \Delta\varphi_x & 1 & \Delta\xi_z \\ 0 & 0 & 0 & 1 \end{bmatrix} \tag{4.51}$$

将式(4.50)展开并舍去二次及二次以上小量，再结合式(4.51)得到该磨床的绕 3 个坐标轴方向的角度综合误差模型及沿 3 个坐标轴方向的平移综合误差模型，结果如下：

$$\begin{aligned} \Delta\varphi_x = &[\beta(x,t)\sin(\theta_z+\gamma)+\beta(y,t)\sin(\theta_z+\gamma)+\alpha(x,t)\cos(\theta_z+\gamma)+\alpha(y,t) \\ &\times\cos(\theta_z+\gamma)]\varepsilon_{xy}\cos(\theta_z+\alpha)+\cos(\theta_x+\alpha)\sin(\theta_y+\beta)\gamma(z,t)-\sin(\theta_x+\alpha) \\ &+\cos(\theta_x+\alpha)\sin(\theta_y+\beta)\gamma(\theta_y,t)\varepsilon_{xz}-\cos(\theta_x+\alpha)\cos(\theta_y+\beta)\varepsilon_{yz}\alpha(\theta_y,t) \\ &-\cos(\theta_x+\alpha)\cos(\theta_y+\beta)\alpha(z,t) \end{aligned} \tag{4.52}$$

$$\begin{aligned} \Delta\varphi_y = &\sin(\theta_y+\beta)[\gamma(y,t)\sin(\theta_z+\gamma)+\gamma(x,t)\sin(\theta_z+\gamma)] \\ &+\cos(\theta_z+\gamma)[-\beta(z,t)\cos(\theta_y+\beta)-\sin(\theta_y+\beta)-\beta(\theta_x,t)\cos(\theta_y+\beta)] \\ &-\sin(\theta_z+\gamma)\varepsilon_{xz}[-\beta(z,t)\sin(\theta_x+\alpha)\sin(\theta_y+\beta)+\alpha(z,t)\cos(\theta_x+\alpha) \\ &+\gamma(\theta_x,t)\cos(\theta_x+\alpha)\sin(\theta_y+\beta)-\varepsilon_{xy}\beta(\theta_x,t)\sin(\theta_x+\alpha)\sin(\theta_y+\beta) \\ &+\alpha(\theta_y,t)\cos(\theta_x+\alpha)+\sin(\theta_x+\alpha)\cos(\theta_y+\beta)] \\ &-\varepsilon_{yz}\sin(\theta_x+\alpha)\cos(\theta_y+\beta)[\gamma(y,t)\cos(\theta_z+\beta)+\gamma(x,t)\cos(\theta_z-\gamma)] \\ &+[\beta(\theta_y+\beta)+\beta(x,t)]\cos(\theta_x+\alpha)\cos(\theta_y+\beta) \end{aligned} \tag{4.53}$$

$$\begin{aligned} \Delta\varphi_z = &\cos(\theta_y+\beta)[\gamma(x,t)\cos(\theta_z+\gamma)+\gamma(x,t)\cos(\theta_z+\gamma)]+\varepsilon_{yz}\sin(\theta_z+\gamma)\Big[\cos(\theta_y+\beta) \\ &-\beta(\theta_x+t)\sin(\theta_y+\beta)-\frac{\gamma(z,t)}{\alpha(\theta_y,t)}\sin(\theta_y+\beta)+\frac{\gamma(z,t)}{\gamma(\theta_y,t)}\cos(\theta_y+\beta)-\frac{\beta(z,t)}{\sin(\theta_y+\beta)}\Big] \\ &+\sin(\theta_x+\alpha)\sin(\theta_y+\beta)[-\gamma(x,t)\sin(\theta_z+\gamma)+\gamma(y,t)\sin(\theta_z+\gamma)] \\ &+\varepsilon_{xy}\cos(\theta_z+\gamma)[-\gamma(\theta_x,t)\cos(\theta_x+\alpha)\cos(\theta_y+\beta) \\ &+\beta(\theta_x,t)\sin(\theta_x+\alpha)\cos(\theta_y+\beta)-\cos(\theta_x+\alpha)\gamma(\theta_y,t) \\ &+\varepsilon_{xz}\sin(\theta_x+\alpha)\sin(\theta_y+\beta)-\gamma(z,t)\cos(\theta_x+\alpha) \\ &+\varepsilon_{xy}\beta(z,t)\sin(\theta_x+\alpha)\cos(\theta_y+\beta)]-(\alpha(y,t)+\alpha(x,t))\cos(\theta_x+\alpha)\sin(\theta_y+\beta) \end{aligned} \tag{4.54}$$

$$\Delta \xi_x = \cos(\theta_z + \gamma)\bigg[-\cos(\theta_y + \beta)\int_0^z \beta(z,t)\mathrm{d}z + (z + \Delta Z(z,t))\sin(\theta_y + \beta)$$

$$+ \Delta Z_y \sin(\theta_y + \beta) - \Delta X_y \cos(\theta_y + \beta) - \Delta X_x\bigg]$$

$$- \varepsilon_{xy}\sin(\theta_z + \gamma)\bigg[-\sin(\theta_x + \alpha)\sin(\theta_y + \beta)\int_0^z \beta(z,t)\mathrm{d}z + \cos(\theta_x + \alpha)$$

$$\times \int_0^z \alpha(z,t)\mathrm{d}z - (z + \Delta Z(z,t))\sin(\theta_x + \alpha)\cos(\theta_y + \beta) - \Delta Y_y \cos(\theta_x + \alpha)$$

$$- \Delta Z_y \sin(\theta_x + \alpha)\cos(\theta_y + \beta) - \Delta X_y \sin(\theta_x + \alpha)\sin(\theta_y + \beta) - \varepsilon_{xz}\Delta Z_x \sin(\theta_x + \alpha)$$

$$- \Delta Y_x \cos(\theta_x + \alpha)\bigg] + R\cos(\theta_z + \gamma) - \gamma(y,t)R\sin(\theta_z + \gamma)$$

$$- \gamma(x,t)R\sin(\theta_z + \gamma) + \Delta X_z - \int_0^y \gamma(y,t)\mathrm{d}y + (x + \Delta X(x,t)) \qquad (4.55)$$

$$\Delta \xi_y = \sin(\theta_z + \gamma)\bigg[-\cos(\theta_y + \beta)\int_0^z \beta(z,t)\mathrm{d}z + (z + \Delta Z(z,t))\sin(\theta_y + \beta)$$

$$+ \Delta Z_y \sin(\theta_y + \beta) - \Delta X_y \cos(\theta_y + \beta) - \Delta X_x\bigg]\varepsilon_{xz}$$

$$+ \cos(\theta_z + \gamma)\bigg[-\sin(\theta_x + \alpha)\sin(\theta_y + \beta)\int_0^z \beta(z,t)\mathrm{d}z$$

$$+ \cos(\theta_x + \alpha)\int_0^z \alpha(z,t)\mathrm{d}z - \sin(\theta_x + \alpha)\cos(\theta_y + \beta)(z + \Delta Z(z,t))$$

$$- \Delta Y_y \cos(\theta_x + \alpha) - \varepsilon_{xy}\Delta Z_y \sin(\theta_x + \alpha)\cos(\theta_y + \beta)$$

$$- \Delta X_y \sin(\theta_x + \alpha)\sin(\theta_y + \beta) - \Delta Z_x \sin(\theta_x + \alpha) - \Delta Y_x \cos(\theta_x + \alpha)\bigg]$$

$$+ \varepsilon_{yz}\gamma(x,t)\cos(\theta_z + \gamma) + \gamma(y,t)\cos(\theta_z + \gamma) + \sin(\theta_z + \gamma)$$

$$+ \Delta Y_z + (y + \Delta Y(y,t)) + \int_0^x \gamma(x,t)\mathrm{d}x \qquad (4.56)$$

$$\Delta \xi_z = -\cos(\theta_y + \alpha)\sin(\theta_y + \beta)\int_0^z \beta(z,t)\mathrm{d}z + \varepsilon_{xy}\sin(\theta_x + \alpha)\int_0^z \alpha(z,t)\mathrm{d}z$$

$$- \cos(\theta_x + \alpha)\cos(\theta_y + \beta)(z + \Delta Z(z,t)) + \sin(\theta_x + \alpha)\Delta Y_y$$

$$- \varepsilon_{xz}\cos(\theta_x + \alpha)\cos(\theta_y + \beta)\Delta Z_y - \cos(\theta_x + \alpha)\sin(\theta_y + \beta)\Delta Z_y$$

$$- \cos(\theta_x + \alpha)\Delta Z_x + \sin(\theta_y + \beta) - \Delta Y_x \sin(\theta_x + \alpha)$$

$$- \beta(x,t)\cos(\theta_z + \gamma) - \varepsilon_{xy}\beta(y,t)\cos(\theta_z + \gamma)$$

$$+ \sin(\theta_y + \gamma)(\alpha(x,t) + \alpha(y,t)) + \int_0^y \alpha(x,t)\mathrm{d}y - \int_0^x \beta(x,t)\mathrm{d}x \qquad (4.57)$$

4.1.3　面齿轮数控磨床各运动副误差分析

1. 面齿轮数控磨床的拓扑结构描述

根据图1.19,运用多体系统对面齿轮数控磨床进行拓扑结构描述时,应先对机床各单元体进行如下标号处理:遵循前述多体系统理论标号规则做出图示编号。根据数控磨齿加工过程中的联动特性,将惯性参考系选定为大地 B_0 体,且把床身 1 作为 B_1 体,设置为与惯性参考系重合,便可把磨床系统分为床身-工件与床身-刀具两个分支[26]。

床身-工件包括:床身 B_1、横切进给轴 B_2、工件旋转轴 B_3、工件 B_4。

床身-刀具包括:床身 B_1、立柱 B_5、悬摆轴 B_6、刀具主轴箱 B_7、刀具装夹轴 B_8、刀具 B_9。

根据以上处理,可获得与图 1.19 相对应的面齿轮磨床多体系统拓扑结构示意图 4.9 及表 4.3 低序体阵列,运用多体系统理论结合表 4.3 中 $L^1(K)$ 所在的行可知,4、9 两个数字没有出现,即 B_4、B_9 体为末端体;另外,$L^1(K)$ 所在的行只有 1 为重复的数字,即 B_1 体为分支体,这与复杂的机床系统拓扑结构图是完全吻合的。

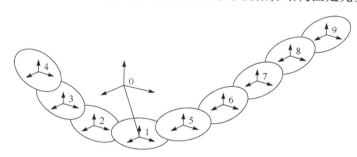

图 4.9　面齿轮磨床多体系统拓扑结构图

表 4.3　面齿轮磨床低序体阵列

典型体 K	1	2	3	4	5	6	7	8	9
$L^0(K)$	1	2	3	4	5	6	7	8	9
$L^1(K)$	0	1	2	3	1	5	6	7	8
$L^2(K)$	0	0	1	2	0	1	5	6	7
$L^3(K)$	0	0	0	1	0	0	1	5	6
$L^4(K)$	0	0	0	0	0	0	0	1	5
$L^5(K)$	0	0	0	0	0	0	0	0	1

2. 含误差的面齿轮磨床各运动副分析

机床在自身的设计制造过程中存在误差是不可避免的,加之其他各种不确定性因素的存在,任一典型体在相对其相邻低序体无论做平移还是转动时,都会有沿着 3 个坐标轴方向的平移误差分量($\Delta x(t)$、$\Delta y(t)$、$\Delta z(t)$)和 3 个方向的角度误差分量($\alpha(t)$、$\beta(t)$、$\gamma(t)$),且它们的值都是极小的[31]。在高档精密数控磨床上可根据小误差假设原理,得到其此时的位姿误差矩阵表达式:

$$
e = \begin{bmatrix}
1 & -\gamma(t) & \beta(t) & \Delta x(t) \\
\gamma(t) & 1 & -\alpha(t) & \Delta y(t) \\
-\beta(t) & \alpha(t) & 1 & \Delta z(t) \\
0 & 0 & 0 & 1
\end{bmatrix} \tag{4.58}
$$

磨床的实际加工过程是有序而又极其复杂的,但各个单元体都是从非平稳状态向平稳状态过渡的,而且它们的误差与温度 T 的变化是相适应的,且主要以线性变化的形式存在。通过具体分析可知,数控机床主要包含 36 个几何与热误差元素[7]。

(1) 在横切进给轴 B_2 做平移动作时将存在:Y_2 方向与 Z_2 方向的直线度误差 $\int_0^x \gamma(x,t)\mathrm{d}x$ 与 $-\int_0^x \beta(x,t)\mathrm{d}x$、$X_2$ 方向的线性位移误差 $\Delta X(x,t)$、偏摆误差 $\gamma(x,t)$、滚转误差 $\alpha(x,t)$ 及俯仰误差 $\beta(x,t)$,共有 6 项误差内容。

(2) 当立柱 B_5 平移时将会存在:X_5 方向与 Y_5 方向的直线度误差 $\int_0^z \beta(z,t)\mathrm{d}z$ 与 $-\int_0^z \alpha(z,t)\mathrm{d}z$、$Z_5$ 方向的线性位移误差 $\Delta Z(z,t)$、偏摆误差 $\beta(z,t)$、滚转误差 $\gamma(x,t)$ 及俯仰误差 $\alpha(x,t)$,共有 6 项误差内容。

(3) 当刀具主轴移动箱 B_7 移动时存在:X_7 方向与 Z_7 方向的直线度误差 $-\int_0^y \gamma(y,t)\mathrm{d}y$ 与 $\int_0^y \alpha(y,t)\mathrm{d}y$、$Y_7$ 方向的线性位移误差 $\Delta Y(y,t)$、偏摆误差 $\gamma(y,t)$、滚转误差 $\beta(y,t)$ 及俯仰误差 $\alpha(y,t)$,共有 6 项误差内容。

(4) 当工件旋转轴 B_3 做旋转动作时存在:坐标系 S_3 中坐标轴 X_3、Y_3、Z_3 方向的移动误差 $\Delta X(\theta_x,t)$、$\Delta Y(\theta_x,t)$、$\Delta Z(\theta_x,t)$,同时还将产生绕坐标系 S_3 的各坐标轴的转角误差 $\alpha(\theta_x,t)$、$\beta(\theta_x,t)$、$\gamma(\theta_x,t)$,共有 6 项误差内容。

(5) 当刀具悬摆轴 B_6 转动时存在:坐标系 S_6 中坐标轴 X_6、Y_6、Z_6 方向的移动误差 $\Delta X(\theta_z,t)$、$\Delta Y(\theta_z,t)$、$\Delta Z(\theta_z,t)$,同时有绕坐标系 S_6 的 3 个坐标轴的转角误差 $\alpha(\theta_z,t)$、$\beta(\theta_z,t)$、$\gamma(\theta_z,t)$,共有 6 项误差内容。

(6) 当刀具装夹主轴 B_8 转动时存在:坐标系 S_8 中坐标轴 X_8、Y_8、Z_8 方向的移动误差 $\Delta X(\theta_y,t)$、$\Delta Y(\theta_y,t)$、$\Delta Z(\theta_y,t)$,同时有绕坐标系 S_8 的 3 个坐标轴方向的转角误差 $\alpha(\theta_y,t)$、$\beta(\theta_y,t)$、$\gamma(\theta_y,t)$,共有 6 项误差内容。

综上可知,当磨床横切进给轴 B_2 相对于床身 B_1 平动距离为 x 时,其含误差的齐次变换矩阵表达式为

$$
T_{12} = \begin{bmatrix}
1 & -\gamma(x,t) & \beta(x,t) & x + \Delta X(x,t) \\
\gamma(x,t) & 1 & -\alpha(x,t) & \int_0^x \gamma(x,t)\mathrm{d}x \\
-\beta(x,t) & \alpha(x,t) & 1 & -\int_0^x \beta(x,t)\mathrm{d}x \\
0 & 0 & 0 & 1
\end{bmatrix} \tag{4.59}
$$

式中，$\alpha(x,t)$、$\beta(x,t)$、$\gamma(x,t)$、$\Delta X(x,t)$、$\int_0^x \gamma(x,t)\mathrm{d}x$ 及 $-\int_0^x \beta(x,t)\mathrm{d}x$ 各误差项都含有几何和热误差的影响。

同样可以得到磨床其他移动单元体含误差的齐次变换矩阵为

$$T_{15} = \begin{bmatrix} 1 & -\gamma(z,t) & \beta(z,t) & \int_0^z \beta(z,t)\mathrm{d}z \\ \gamma(z,t) & 1 & -\alpha(z,t) & -\int_0^z \alpha(z,t)\mathrm{d}z \\ -\beta(z,t) & \alpha(z,t) & 1 & z+\Delta Z(z,t) \\ 0 & 0 & 0 & 1 \end{bmatrix} \qquad (4.60)$$

$$T_{67} = \begin{bmatrix} 1 & -\gamma(y,t) & \beta(y,t) & -\int_0^y \gamma(y,t)\mathrm{d}y \\ \gamma(y,t) & 1 & -\alpha(y,t) & y+\Delta Y(y,t) \\ -\beta(y,t) & \alpha(y,t) & 1 & \int_0^y \alpha(y,t)\mathrm{d}y \\ 0 & 0 & 0 & 1 \end{bmatrix} \qquad (4.61)$$

在面齿轮磨削过程中受机床本身及各种不可控外在因素的影响，将会造成实际旋转单元体的转轴与理想转轴相比发生偏移和倾斜的情况[31]。当磨床的刀具装夹主轴 B_8 相对于刀具主轴箱 B_7 发生转动角度为 $(\theta_y + \beta(\theta_y,t))$（$\beta(\theta_y,t)$ 为绕 B 轴即机床 y 轴方向旋转而产生的误差）的转动动作时，其齐次变化矩阵可表示为

$$T_{78} = \begin{bmatrix} \cos(\theta_y+\beta) & -\gamma & \sin(\theta_y+\beta) & \Delta X_y \\ \alpha\sin(\theta_y+\beta)+\gamma\cos(\theta_y+\beta) & 1 & \gamma\sin(\theta_y+\beta)-\alpha\cos(\theta_y+\beta) & \Delta Y_y \\ -\sin(\theta_y+\beta) & \alpha & \cos(\theta_y+\beta) & \Delta Z_y \\ 0 & 0 & 0 & 1 \end{bmatrix}$$

$$(4.62)$$

式中，$\theta_y = \theta_y(t)$，$\alpha = \alpha(\theta_y,t)$，$\beta = \beta(\theta_y,t)$，$\gamma = \gamma(\theta_y,t)$，$\Delta X_y = \Delta X(\theta_y,t)$，$\Delta Y_y = \Delta Y(\theta_y,t)$，$\Delta Z_y = \Delta Z(\theta_y,t)$。

同样可以得到其他机床旋转单元体发生转动时含误差变换矩阵[26]为

$$T_{23} = \begin{bmatrix} 1 & \beta\sin(\theta_x+\alpha)-\gamma\cos(\theta_x+\alpha) & \gamma\sin(\theta_x+\alpha)+\beta\cos(\theta_x+\alpha) & \Delta X_x \\ \gamma & \cos(\theta_x+\alpha) & -\sin(\theta_x+\alpha) & \Delta Y_x \\ -\beta & \sin(\theta_x+\alpha) & \cos(\theta_x+\alpha) & \Delta Z_x \\ 0 & 0 & 0 & 1 \end{bmatrix}$$

$$(4.63)$$

$$T_{56} = \begin{bmatrix} \cos(\theta_z+\gamma) & -\sin(\theta_z+\gamma) & \beta & \Delta X_z \\ \sin(\theta_z+\gamma) & \cos(\theta_z+\gamma) & -\alpha & \Delta Y_z \\ \alpha\sin(\theta_z+\gamma)-\beta\cos(\theta_z+\gamma) & \beta\sin(\theta_z+\gamma)+\alpha\cos(\theta_z+\gamma) & 1 & \Delta Z_z \\ 0 & 0 & 0 & 1 \end{bmatrix}$$

$$\tag{4.64}$$

另外，假设砂轮 B_9 在其主轴 B_8 体坐标系中的位置矢量为 $\{P_9\}=\{P_{9x}, P_{9y}, P_{9z}\}^\mathrm{T}$，工件 B_4 在其主轴 B_3 体坐标系中的位置矢量为 $\{P_4\}=\{P_{4x}, P_{4y}, P_{4z}\}^\mathrm{T}$。理想状态下，它们之间的位姿齐次变换矩阵为

$$T_{34} = \begin{bmatrix} 1 & 0 & 0 & P_{4x} \\ 0 & 1 & 0 & P_{4y} \\ 0 & 0 & 1 & P_{4z} \\ 0 & 0 & 0 & 1 \end{bmatrix} \tag{4.65}$$

$$T_{89} = \begin{bmatrix} 1 & 0 & 0 & P_{9x} \\ 0 & 1 & 0 & P_{9y} \\ 0 & 0 & 1 & P_{9z} \\ 0 & 0 & 0 & 1 \end{bmatrix} \tag{4.66}$$

4.2　磨削齿面误差建模与分析

4.2.1　差曲面的定义及性质

1. 差曲面的定义

差曲面是一种拓扑曲面，既可从接触面整体的角度来分析，也可从局部的特性来研究。差曲面在螺旋锥齿轮中的应用很广，利用其局部性质可以确定齿轮加工机床的加工参数；利用其整体性质可以进行真实齿面啮合分析、齿面修形的定量描述、真实加工齿面的精度评价和机床加工参数的调整[32]。

设两空间简单曲面 Σ_1、Σ_2，且有 Σ_1 为 $r_1(u,v)\in C^k (k\geqslant 2)$，则

$$\frac{\partial r_1}{\partial u} \cdot \frac{\partial r_1}{\partial v} \neq 0 \tag{4.67}$$

式中，$(u,v)\in E$ 为 Σ_1 曲面的曲线坐标。Σ_1 曲面上各点的单位法线向量函数为

$$n_1(u,v) \tag{4.68}$$

Σ_t 为 Σ_1 曲面的某一拓扑平面，Σ_1 曲面上一点 M 在 Σ_t 平面上的像为 M'，以 M' 为原点，取 Σ_t 平面上过 M' 互相垂直的两条直线为 x、y 坐标，且 (x,y) 和 (u,v) 间存在如下关系：

$$\begin{cases} x = x(u,v) \\ y = y(u,v) \end{cases}, \quad \begin{vmatrix} \dfrac{\partial x}{\partial u} & \dfrac{\partial x}{\partial v} \\[2mm] \dfrac{\partial y}{\partial u} & \dfrac{\partial y}{\partial v} \end{vmatrix} \neq 0 \qquad (4.69)$$

若存在标量函数 $h(x,y)$，使 Σ_2 曲面可表示为

$$r_2(u,v) = r_1(u,v) + h(x,y)n_1(u,v) \qquad (4.70)$$

则将直角坐标系 $\{M,x,y,z\}$ 中的矢量函数形成的曲面称为曲面 Σ_1、Σ_2 基于 M 点的差曲面 Σ_{21}^M，表示为

$$R(x,y) = (x,y,h)(x,y) \in G \qquad (4.71)$$

通过式(4.70)求解 h 得

$$h = (r_2 - r_1) \cdot n_1 = \Delta r \cdot n_1 \qquad (4.72)$$

因为曲面 Σ_1、Σ_2 及其之间的相对位置一旦确定，则两曲面对应点之差 Δr 是定值，而 Σ_1 曲面上的单位法矢 n_1 本身就是几何不变量，所以它们的点乘也是几何不变量，即两曲面沿 $n_1(x,y)$ 方向的偏差具有几何不变性[33]。

2. 差曲面的性质

在工程应用中，经常用到整个齿面范围内的差曲面，但齿面是逐点表示的，所以很难写出差曲面的理论方程，一般是根据实际得到的差曲面上的离散点（离散点的规划是在理论齿面 Σ_1 的拓扑平面上进行的）拟合出一个近似方程。差曲面方程可用曲面空间的一组基底表示为

$$h = a_0 + a_1 x + a_2 y + a_3 x^2 + a_4 y^2 + a_5 xy + \cdots, \quad (x,y) \in G \qquad (4.73)$$

式中，G 为 oxy 平面的一个域。

从式(4.73)可以看到，在此基底张成的无限维空间中，曲面 Σ_1 为空间原点 $(0,0,\cdots)^{-1}$，曲面 Σ_2 在此空间中的坐标为 $(a_0,a_1,\cdots)^{-1}$。实际应用中，由于两曲面 Σ_1、Σ_2 之间的距离非常小，差曲面的挠曲也非常小，用二阶或三阶模型就可对其进行高精度拟合，所以可将无限维空间转化为有限维空间，使之更加便于应用[4]。

式(4.73)的几何意义见图 4.10，阴影平面为理论齿面。其中零阶系数反映了两曲面沿法线方向的位置偏差程度，一阶系数 a_1、a_2 分别反映了差曲面绕 x 轴、y 轴之间的倾斜程度，二阶系数 a_3、a_4、a_5 反映了两曲面之间的弯曲程度，即全齿面范围内曲率、扭曲率等高阶齿面几何参数的综合误差形状。

在图 4.10 中一阶误差主要是由螺旋锥齿轮压力角或螺旋角误差引起的，将会产生接触区偏离齿高方向中心、靠近齿顶或齿根（压力角误差引起），或者接触区偏离齿长方向中心、靠近小端或大端（螺旋角误差引起）。

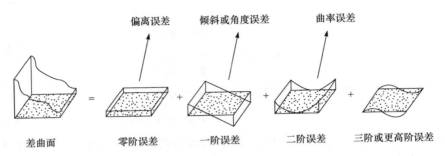

图 4.10　差曲面各阶参数的几何意义

　　二阶误差主要是由齿长曲率或齿廓曲率不正确引起的,将会产生接触区过长或过短(齿长曲率不正确引起),或者接触区过宽或过窄(齿廓曲率不正确引起);另外,还有一种由齿长方向短程挠率误差造成的二阶误差,将会产生内、外对角接触[34]。

4.2.2　螺旋锥齿轮磨削齿面误差建模与分析

1. 含误差的螺旋锥齿轮齿面方程

　　根据 4.1.2 节中螺旋锥齿轮数控磨床系统相邻体间变换矩阵,可以推导出在有误差的情况下,砂轮上所有切削点的运动轨迹形成的包络面的表达式,即所求的螺旋锥齿轮齿面的数学表达式[30]。

1) 砂轮坐标与结构

　　如图 4.11 所示,砂轮表面可表示为

$$R_9 = \begin{bmatrix} X_9 \\ Y_9 \\ Z_9 \\ 1 \end{bmatrix} = \begin{bmatrix} \left[r_m \pm \left(\dfrac{W}{2} + u_j \sin\psi_j \right) \right] \sin\beta_j \\ \left[r_m \pm \left(\dfrac{W}{2} + u_j \sin\psi_j \right) \right] \cos\beta_j \\ -u_j \cos\psi_j \\ 1 \end{bmatrix} \tag{4.74}$$

式中,$j=i,o$,分别表示切削刃的内表面和外表面;而"±"中,"+"表示外表面,"−"表示内表面。

　　在砂轮坐标系 S_9 中,表面上任意一点的法矢 N_9 为

$$N_9 = \frac{\partial R_1}{\partial u_j} \times \frac{\partial R_1}{\partial \beta_j} = -\cos\psi_j \left[r_m \pm \left(\frac{W}{2} + u_j \sin\psi_j \right) \right] \sin\beta_j i_1$$

$$-\cos\psi_j \left[r_m \pm \left(\frac{W}{2} + u_j \sin\psi_j \right) \right] \cos\beta_j j_1 - \sin\psi_j \left[r_m \pm \left(\frac{W}{2} + u_j \sin\psi_j \right) \right] k_1 \tag{4.75}$$

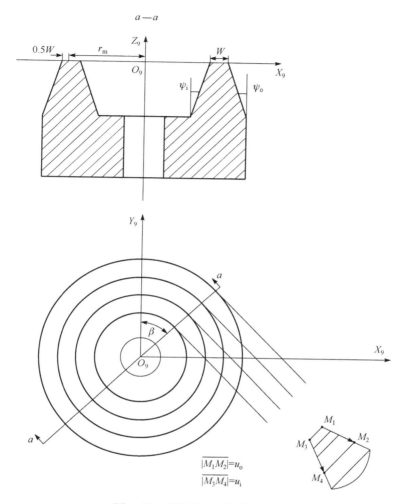

图 4.11　砂轮坐标系与结构简图

单位法矢为

$$n_9 = \begin{bmatrix} -\cos\psi_j \sin\beta_j \\ -\cos\psi_j \cos\beta_j \\ -\sin\psi_j \\ 0 \end{bmatrix} \tag{4.76}$$

2）砂轮表面方程表示

将砂轮表面方程表示在被加工齿轮坐标系中，有

$$\begin{bmatrix} x_5 \\ y_5 \\ z_5 \\ 1 \end{bmatrix} = [A_{45}]^{-1}[A_{34}]^{-1}[A_{23}]^{-1}[A_{12}]^{-1}[A_{16}][A_{67}][A_{78}][A_{89}]\begin{bmatrix} X_9 \\ Y_9 \\ Z_9 \\ 1 \end{bmatrix}$$

$$\tag{4.77}$$

3）啮合方程的建立

设砂轮上啮合点 T 在静止坐标体系床身 B_1 中的速度 v_t 为

$$v_t = v_{tx}i_1 + v_{ty}j_1 + v_{tz}k_1 = \dot{x}_{t1}i_1 + \dot{y}_{t1}j_1 + \dot{z}_{t1}k_1 \tag{4.78}$$

即 $\begin{bmatrix} v_{tx} \\ v_{ty} \\ v_{tz} \\ 1 \end{bmatrix} = \begin{bmatrix} \dot{x}_{t1} \\ \dot{y}_{t1} \\ \dot{z}_{t1} \\ 1 \end{bmatrix} = \dot{M}_t\begin{bmatrix} x_t \\ y_t \\ z_t \\ 1 \end{bmatrix}$，其中 $M_t = [A_{16}][A_{67}][A_{78}][A_{89}]$。

设工件上的啮合点 G 在静止坐标体系床身 B_1 中的速度为 v_g，则

$$v_g = v_{gx}i_1 + v_{gy}j_1 + v_{gz}k_1 = \dot{x}_{g1}i_1 + \dot{y}_{g1}j_1 + \dot{z}_{g1}k_1 \tag{4.79}$$

即 $\begin{bmatrix} v_{gx} \\ v_{gy} \\ v_{gz} \\ 1 \end{bmatrix} = \begin{bmatrix} \dot{x}_{g1} \\ \dot{y}_{g1} \\ \dot{z}_{g1} \\ 1 \end{bmatrix} = \dot{M}_g\begin{bmatrix} x_g \\ y_g \\ z_g \\ 1 \end{bmatrix}$，其中 $M_g = [A_{12}][A_{23}][A_{34}][A_{45}]$。

两齿面在啮合点在静止坐标体系床身 B_1 中的相对速度为 v_r，则

$$v_r = v_{rx}i_1 + v_{ry}j_1 + v_{rz}k_1 = v_t - v_g = \dot{M}_t\begin{bmatrix} x_t \\ y_t \\ z_t \\ 1 \end{bmatrix} - \dot{M}_g\begin{bmatrix} x_g \\ y_g \\ z_g \\ 1 \end{bmatrix} \tag{4.80}$$

砂轮磨削面上 T 点的法矢量 n_9 在静止坐标体系床身 B_1 中表示为 N_t，则

$$N_t = M_t n_9 \tag{4.81}$$

由此可得到啮合方程，即

$$v_r N_t = 0 \tag{4.82}$$

联立式（4.74）～式（4.82），可得含误差的螺旋锥齿轮齿面方程，其中包含了运动误差在内的影响因素。

2. 螺旋锥齿轮差曲面的建立

1）螺旋锥齿轮坐标建立与网格划分

螺旋锥齿轮齿面方程十分复杂，很难对齿面进行直接仿真，为此需对齿面进行离散化，以螺旋锥齿轮的安装面为坐标平面、齿轮的回转轴线为轴，建立齿轮坐标

系。在轮齿轴剖面上沿根锥的齿长方向和齿高方向划分网格,网格的疏密程度根据计算点的数目和精度选取。这里设沿齿长方向将齿轮分为 10 格,沿齿高方向将齿轮分为 6 格。其中沿齿高方向的网格线在齿长方向上的距离是均等的,而沿齿长方向的网格线与齿根线的夹角是不同的,最内端的网格线与齿根线重合,中间的网格线从内向外与齿根线的夹角是均匀变化的[35]。齿面网格划分如图 4.12 所示,设齿轮的根锥角为 δ_{f},面锥角为 δ_{a},大端根锥距为 R_{fe},齿长为 b,大端齿根高为 h_{e},则编号为 (i,j) 的点 $P(i,j)$ 的坐标为

$$\begin{cases} r=\left(R_{\mathrm{fe}}-i\cdot\dfrac{b}{10}\right)\sin\delta_{\mathrm{f}}+\left[j\cdot\dfrac{h_{\mathrm{e}}}{6}-i\cdot\dfrac{b}{10}\cdot\tan\left(j\cdot\dfrac{\delta_{\mathrm{a}}-\delta_{\mathrm{f}}}{6}\right)\right]\cos\delta_{\mathrm{f}} \\ z=i\cdot\dfrac{b}{10}\cos\delta_{\mathrm{f}}+\left[j\cdot\dfrac{h}{6}-i\cdot\dfrac{b}{10}\cdot\tan\left(j\cdot\dfrac{\delta_{\mathrm{a}}-\delta_{\mathrm{f}}}{6}\right)\right]\sin\delta_{\mathrm{f}} \end{cases} \tag{4.83}$$

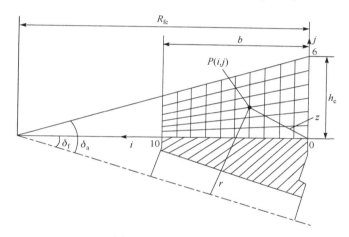

图 4.12　齿面网格划分

转换到直角坐标系中,其坐标为

$$\begin{cases} x_3'=r\cos\theta \\ y_3'=r\sin\theta \\ z_3'=z \end{cases} \tag{4.84}$$

根据上面和本节中含误差的螺旋锥齿轮齿面方程,编程计算与仿真可分别得到螺旋锥齿轮的理论齿面(无运动副误差)与误差齿面。

2) 螺旋锥齿轮差曲面的描述与建立

图 4.13 为某一点的法线方向与误差齿面示意图,其中 N 为理论齿面上的某一点,T 为相同位置的误差齿面上的点,P 点为沿 N 点法线方向与误差齿面的交点。实际上,由于 T 点与 P 点距离很近,理论齿面与误差齿面在该点的法线方向的偏差可近似表示为

$$\overrightarrow{NP} \approx \overrightarrow{TN} \tag{4.85}$$

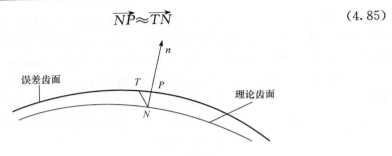

图 4.13　齿面偏差示意图

根据计算出来的理论与误差齿面各个点的坐标，可得到每个点的 TN 值，进而得到差曲面。

3. 主轴运动副误差对螺旋锥齿轮齿面误差的影响分析

以一对螺旋锥齿轮副的大轮为例，其基本参数与成形法加工调整参数如表 4.4 和表 4.5 所示。按图 4.12 所示指定齿面网格节点序号后，就可以确定 r、z。取砂轮参数 u、β，砂轮转角 θ_t，齿轮参数 θ 为未知参数，按如图 4.14 所示的齿面计算流程求解齿面方程组。由于式（4.83）是一组非线性方程组，所以采用拟牛顿算法求解[4]。

表 4.4　螺旋锥齿轮大轮基本参数

项目	大轮
齿数	40
节圆直径/mm	340
外径/mm	340.69
节锥顶点到交点距离/mm	−0.76
面锥顶点到交点距离/mm	−1.28
中点齿根高/mm	13.34
中点齿顶高/mm	1.74
齿宽/mm	47
节锥角/(°)	78.6333
面锥角/(°)	79.3667
根锥角/(°)	73.6667
外锥距/mm	173.4

表 4.5 螺旋锥齿轮大轮加工调整参数

项目	参数
砂轮半径/mm	152.4
刀顶距/mm	4.572
内齿形角/(°)	−22.5
外齿形角/(°)	22.5
水平刀位/mm	69.2799
垂直刀位/mm	124.9200
机床安装角/(°)	73.9833
床位/mm	0.09

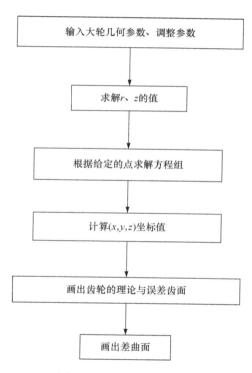

图 4.14 齿面计算流程图

（1）当磨床系统砂轮主轴 B_8 相对于相邻体主轴箱 B_7 转动时，为了计算方便，模型中的各项平移误差分量均取 $15\mu m$，各项角误差分量均取 0.00015rad，在有、无误差的情况下大轮凹面差曲面如图 4.15 所示。当磨床系统砂轮主轴 B_8 相对于相邻体主轴箱 B_7（C 轴）转动时，对螺旋锥齿轮的大端、小端、齿根、齿顶附近有较大影响。根据差曲面的性质可知，当 C 轴转动时，主要对螺旋锥齿轮的螺旋角、压力角的误差有较大的影响,需要进行一阶误差修正[4]。

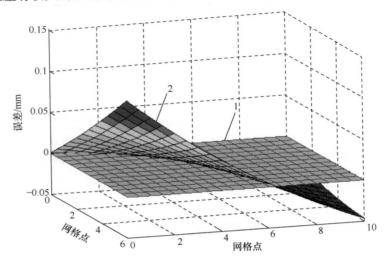

图 4.15　大轮凹面差曲面(B_8 相对于 B_7 转动)

1-零误差曲面;2-误差曲面

（2）当主轴箱 B_7 相对于立柱 B_6 平移时,在有、无运动副误差的情况下大轮凹面差曲面如图 4.16 所示。当主轴箱 B_7 相对于立柱 B_6（Y 轴）平移时,对螺旋锥齿轮的齿根、齿顶附近有较大影响。由差曲面的性质可知,当 Y 轴移动时,主要对螺旋锥齿轮的压力角的误差有较大的影响,需要进行一阶误差修正。

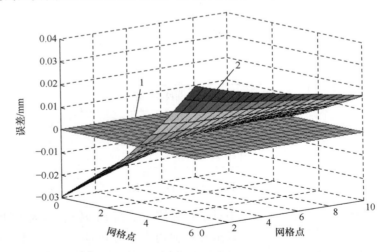

图 4.16　大轮凹面差曲面(B_7 相对于 B_6 平移)

1-零误差曲面;2-误差曲面

（3）当立柱 B_6 相对于床身 B_1 平移时,在有、无运动副误差的情况下大轮凹面差曲面如图 4.17 所示。当立柱 B_6 相对于床身 B_1（X 轴）平移时,对螺旋锥齿轮的大端、小端附近有较大影响[29]。由差曲面的性质可知,当 X 轴移动时,主要对螺旋锥齿轮的螺旋角的误差有较大的影响,需要进行一阶误差修正。

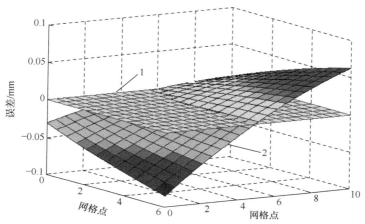

图 4.17　大轮凹面差曲面（B_6 相对于 B_1 平移）

1-零误差曲面；2-误差曲面

综上可知,当磨床系统砂轮主轴 B_8 相对于相邻体主轴箱 B_7 转动时,对锥齿轮齿面有较大的影响,且在靠近齿面上大端、小端、齿根、齿顶附近的点均为齿面误差敏感点,对螺旋角、压力角的误差有较大影响[4]。

4.2.3　面齿轮磨削齿面误差建模与分析

1. 含误差的面齿轮齿面方程

碟形砂轮结构如图 4.18 所示,抛物线齿条形状（$i=s$）与虚拟插齿刀的展成如图 4.19 所示。根据 4.1.3 节得到的六轴五联动磨床各相邻体之间含误差的齐次变换矩阵,由包络原理可推导出含有磨床误差的情况下,由碟形砂轮切削刃上全部切削点运动轨迹包络面的矢量表达式,即要求解的面齿轮含误差齿面数学方程[31]。

根据图 4.18 和图 4.19,砂轮的齿面位矢和单位法矢可依次表示为

$$R_g(\psi_g,\theta_s,\varphi_s,u_s)=M_{gs}(\psi_g)R_s(\theta_s,\varphi_s,u_s) \tag{4.86}$$

$$n_g(\psi_g,\theta_s,\varphi_s,u_s)=L_{gs}(\psi_g)n_s(\theta_s,\varphi_s,u_s) \tag{4.87}$$

虚拟插齿刀与齿条刀具的啮合方程为

$$f(u_s,\varphi_s)=u_s-\varphi_s\rho_s\sin\alpha_d=0 \tag{4.88}$$

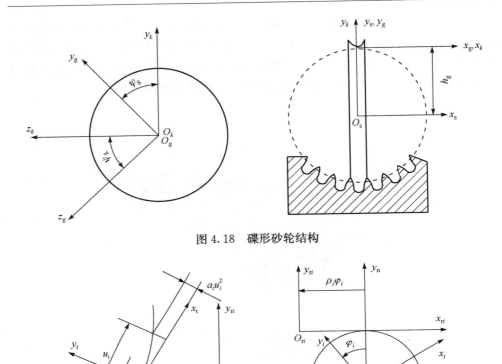

图 4.18　碟形砂轮结构

图 4.19　抛物线齿条形状（$i=s$）与虚拟插齿刀的展成

在式（4.86）～式（4.88）以及图 4.18 和图 4.19 中，ψ_g 表示砂轮转角；θ_s、u_s 分别表示加工虚拟插齿刀的齿条沿齿长方向与齿廓方向的参数；φ_s 表示虚拟插齿刀的展成转角；ρ_s 为齿轮分度圆半径；a_s 表示齿廓抛物线系数；u_o 表示抛物线上偏离基廓节点的距离；$l_r = \dfrac{m\pi\cos\alpha_d}{4}$，其中 α_d 为齿廓压力角；$L_{gs}(\psi_g)$ 由 $M_{gs}(\psi_g)$ 去掉最后一行与最后一列而来；$S_k(O_k\text{-}x_k y_k z_k)$ 表示辅助坐标系（虚拟插齿刀），$S_g(O_g\text{-}x_g y_g z_g)$ 表示碟形砂轮坐标系。

M_{gs} 表示从插齿刀坐标系 S_s 到砂轮坐标系 S_g 的变换，即

$$M_{gs} = \begin{bmatrix} 1 & 0 & 0 & 0 \\ 0 & \cos\psi_g & \sin\psi_g & 0 \\ 0 & -\sin\psi_g & \cos\psi_g & 0 \\ 0 & 0 & 0 & 1 \end{bmatrix} \begin{bmatrix} 1 & 0 & 0 & 0 \\ 0 & 1 & 0 & -h_g \\ 0 & 0 & 1 & 0 \\ 0 & 0 & 0 & 1 \end{bmatrix}$$

虚拟插齿刀的位矢 R_s 和单位法矢量 n_s 可分别表示为

$$R_s = \begin{bmatrix} \cos\varphi_s & \sin\varphi_s & 0 & \rho\sin\varphi_s - \varphi_s\rho_s\cos\varphi_s \\ -\sin\varphi_s & \cos\varphi_s & 0 & \rho\cos\varphi_s + \varphi_s\rho_s\sin\varphi_s \\ 0 & 0 & 1 & 0 \\ 0 & 0 & 0 & 1 \end{bmatrix} \begin{bmatrix} u_s\sin\alpha_d - l_r\cos\alpha_d \\ u_s\cos\alpha_d + l_r\sin\alpha_d \\ \theta_s \\ 1 \end{bmatrix}$$

$$n_s = \begin{bmatrix} \cos(\alpha_d + \varphi_s) \\ -\sin(\alpha_d + \varphi_s) \\ 0 \end{bmatrix}$$

面齿轮与碟形砂轮应满足啮合方程, v_{g2} 为两者的相对运动速度, 则

$$n_g v_{g2} = 0 \tag{4.89}$$

将碟形砂轮表面方程转化到被加工面齿轮的坐标系, 则有

$$\begin{bmatrix} x_4 \\ y_4 \\ z_4 \\ 1 \end{bmatrix} = [T_{34}]^{-1}[T_{23}]^{-1}[T_{12}]^{-1}[T_{15}]^{-1}[T_{56}]^{-1}[T_{67}]^{-1}[T_{78}]^{-1}[T_{89}]^{-1} \begin{bmatrix} X_9 \\ Y_9 \\ Z_9 \\ 1 \end{bmatrix}$$

$$\tag{4.90}$$

联立式(4.86)~式(4.90), 即可得到包括几何与热误差在内的面齿轮齿面方程, 通过计算与仿真可得面齿轮的误差齿面。

2. 面齿轮齿面网格划分与求解

1) 面齿轮齿面网格划分

面齿轮齿面离散化与网格划分一般都是参照 Gleason 方法, 按照在齿长和齿廓方向取 9×5 有序点的原则, 在面齿轮的齿面旋转投影面上共取 45 个有规律的不同点[4]。

根据面齿轮齿根根切和齿顶变尖的特点, 可以求出其最小内半径和最大外半径, 这也就限定了面齿轮齿面网格划分的边界。考虑到侧头球体半径在正常的齿面接触区域测量时, 可能会与齿根及过渡部分的曲面有干涉现象, 在划分齿面网格时, 网格顶部需规划在齿顶以下 5% 处, 底部需规划在工作齿面以上 5% 处, 网格两端界线则规划在距离面齿轮大小端 10% 有效的齿长内, 如图 4.20 所示。

图 4.21 是面齿轮的齿面旋转投影网格划分图。其中 P_{11}、P_{19}、P_{51} 及 P_{59} 表示齿面四条边界的界限点。假设面齿轮齿面上的任意某个点 P_{ij} 坐标是 (Y_{ij}, Z_{ij}), 其中 $i=1,\cdots,5, j=1,\cdots,9$, 可推导出齿面网格的四个界限点的坐标依次为

$$P_{11}: \begin{cases} Y_{11} = -R_1 \\ Z_{11} = -r_{as} + H \end{cases} \tag{4.91}$$

$$P_{19}: \begin{cases} Y_{19} = -R_2 \\ Z_{19} = -r_{as} + H \end{cases} \tag{4.92}$$

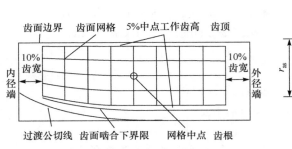

图 4.20　齿面网格规划

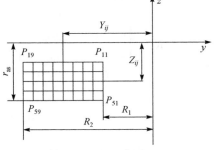

图 4.21　齿面网格划分

$$P_{51}: \begin{cases} Y_{51} = -R_1 \\ Z_{51} = -r_{as} \end{cases} \tag{4.93}$$

$$P_{59}: \begin{cases} Y_{59} = -R_2 \\ Z_{59} = -r_{as} \end{cases} \tag{4.94}$$

上面各式中:R_1、R_2 分别表示面齿轮的内半径和外半径;r_{as} 表示产形轮齿顶圆半径(由 $r_{as} = m_s(z_s + 2.5)/2$ 计算得到);H 表示面齿轮的齿全高,且 $H = 2.25 m_s$。

在 P_{11} 与 P_{19} 间有 9 个均等分点,即 $P_{1j} = (Y_{1j}, Z_{1j})$,$j = 1, \cdots, 9$,它们的坐标值可以表示为

$$\begin{cases} Y_{1j} = -R_1 - \dfrac{j-1}{8}(R_2 - R_1) \\ Z_{1j} = -r_{as} + H \end{cases} \tag{4.95}$$

P_{51} 与 P_{59} 间也有 9 个均等分点,即 $P_{5j} = (Y_{5j}, Z_{5j})$,$j = 1, \cdots, 9$,它们的坐标值可以表示为

$$\begin{cases} Y_{5j} = -R_1 - \dfrac{j-1}{8}(R_2 - R_1) \\ Z_{5j} = -r_{as} \end{cases} \tag{4.96}$$

在 P_{11} 与 P_{51} 间有 5 个均等分点,即 $P_{i1} = (Y_{i1}, Z_{i1})$,$i = 1, \cdots, 5$,它们的坐标值可以表示为

$$\begin{cases} Y_{i1} = -R_1 \\ Z_{i1} = -r_{as} + \dfrac{5-i}{4}H \end{cases} \tag{4.97}$$

在 P_{19} 与 P_{59} 间也有 5 个均等分点,即 $P_{i9} = (Y_{i9}, Z_{i9})$,$i = 1, \cdots, 5$,它们的坐标值可以表示为

$$\begin{cases} Y_{i9} = -R_2 \\ Z_{i9} = -r_{as} + \dfrac{5-i}{4}H \end{cases} \tag{4.98}$$

综合以上推导的各节点表达式,可得到齿面网格节点中任意一点坐标值的表达式为($i=1,\cdots,5;j=1,\cdots,9$)

$$\begin{cases} Y_{ij} = -R_1 - \dfrac{j-1}{8}(R_2 - R_1) \\ Z_{ij} = -r_{as} + \dfrac{5-i}{4}H \end{cases} \tag{4.99}$$

2) 网格节点的坐标求解

面齿轮齿面上的任意一点坐标为(x_2, y_2, z_2),在图 4.21 旋转面内的对应坐标为(Y, Z),那么二者应满足如下关系式:

$$\begin{cases} \sqrt{x_2^2 + y_2^2} = Y \\ z_2 = Z \end{cases} \tag{4.100}$$

式(4.100)是变量为θ_s、φ_s 的非线性方程组,一般常用牛顿-拉弗森迭代算法对其求解。通过迭代便可得到变量θ_s、φ_s 的值,再将这些值代入面齿轮齿面方程及单位法矢中,即可获得齿面上所有网格节点的坐标值(x_2, y_2, z_2),通过仿真可得面齿轮的理论齿面(无运动副误差)。

3. 面齿轮差曲面与齿面误差影响分析

1) 考虑砂轮主轴 B_8 与相邻体主轴箱 B_7 的转动误差

若只考虑砂轮主轴 B_8 对相邻体主轴箱 B_7 的转动误差,则此时含误差的齿面方程为[31]

$$\begin{bmatrix} x_2 \\ y_2 \\ z_2 \\ 1 \end{bmatrix} = [T_{34}]^{-1}[H_{23}]^{-1}[H_{12}]^{-1}[H_{15}][H_{56}][H_{67}][T_{78}][T_{89}] \begin{bmatrix} x_1 \\ y_1 \\ z_1 \\ 1 \end{bmatrix} \tag{4.101}$$

式中

$$H_{23} = \begin{bmatrix} 1 & 0 & 0 & 0 \\ 0 & \cos\theta_x & -\sin\theta_x & 0 \\ 0 & \sin\theta_x & \cos\theta_x & 0 \\ 0 & 0 & 0 & 1 \end{bmatrix}, \quad H_{12} = \begin{bmatrix} 1 & 0 & 0 & x \\ 0 & 1 & 0 & 0 \\ 0 & 0 & 1 & 0 \\ 0 & 0 & 0 & 1 \end{bmatrix}$$

$$H_{15}=\begin{bmatrix}1 & 0 & 0 & 0\\ 0 & 1 & 0 & 0\\ 0 & 0 & 1 & z\\ 0 & 0 & 0 & 1\end{bmatrix},\quad H_{56}=\begin{bmatrix}\cos\theta_z & -\sin\theta_z & 0 & 0\\ \sin\theta_z & \cos\theta_z & 0 & 0\\ 0 & 0 & 1 & 0\\ 0 & 0 & 0 & 1\end{bmatrix},\quad H_{67}=\begin{bmatrix}1 & 0 & 0 & 0\\ 0 & 1 & 0 & y\\ 0 & 0 & 1 & 0\\ 0 & 0 & 0 & 1\end{bmatrix}$$

按照表 4.6 所示面齿轮副的相关参数,求出各相关轴的运动规律如下:

$$\begin{cases}\mu=1.571+0.175t\\ \lambda=t_1\\ X=11.1+6.1232^{-17}t_2-5.55t_1^2+0.4625t_1^4\\ Y=-11.1t_1+1.85t_1^3\\ Z=520+t_2\end{cases}\tag{4.102}$$

式中,λ、μ 分别为砂轮与面齿轮的转角。

表 4.6　面齿轮副相关参数

参数	小轮	插齿刀	面齿轮
齿数	25	28	160
模数/mm	6.35	6.35	—
压力角/(°)	25	25	—
轴夹角/(°)	90	—	90
内半径/mm	—	—	480
外半径/mm	—	—	500

为使计算接触线时简便,误差模型中的各项角误差分量均取 0.0001rad,平移误差分量均取 0.01mm,并取 $t_1=10$mm、$t_2=-30$mm,可得出考虑砂轮主轴误差的齿面差曲面如图 4.22 所示。

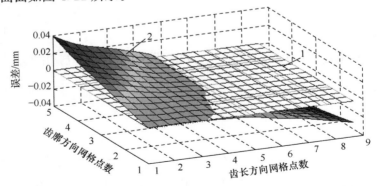

图 4.22　考虑砂轮主轴与相邻体主轴箱转动误差的齿面差曲面
1-理论曲面;2-误差曲面

由图 4.22 可知,在只考虑砂轮主轴误差的情况下,即当砂轮绕主轴 B 旋转时该误差对沿面齿轮的齿廓与齿长方向的齿形影响比较大;在砂轮主轴旋转时,它对加工面齿轮齿面的误差主要表现为螺旋角误差、压力角误差,所以可对其按一阶误差进行修正。

2）主轴箱 B_7 相对于工具悬摆轴 B_6 移动时对面齿轮的齿面加工的影响[7]

若只考虑主轴箱 B_7 相对于工具悬摆轴 B_6 的移动误差,那么此时含误差的齿面方程为

$$\begin{bmatrix} x_2 \\ y_2 \\ z_2 \\ 1 \end{bmatrix} = \begin{bmatrix} T_{34} \end{bmatrix}^{-1} \begin{bmatrix} H_{23} \end{bmatrix}^{-1} \begin{bmatrix} H_{12} \end{bmatrix}^{-1} \begin{bmatrix} H_{15} \end{bmatrix} \begin{bmatrix} H_{56} \end{bmatrix} \begin{bmatrix} H_{67} \end{bmatrix} \begin{bmatrix} T_{78} \end{bmatrix} \begin{bmatrix} T_{89} \end{bmatrix} \begin{bmatrix} x_1 \\ y_1 \\ z_1 \\ 1 \end{bmatrix}$$

$$(4.103)$$

式中, $T_{78} = \begin{bmatrix} \cos\theta_y & 0 & \sin\theta_y & 0 \\ 0 & 1 & 0 & 0 \\ -\sin\theta_y & 0 & \cos\theta_y & 0 \\ 0 & 0 & 0 & 1 \end{bmatrix}$ 。

可得出考虑移动误差的齿面差曲面如图 4.23 所示,此时移动误差对面齿轮齿形影响较大的是在齿廓方向;当二者发生相对移动时,主要表现为对面齿轮的压力角误差影响较大[31]。

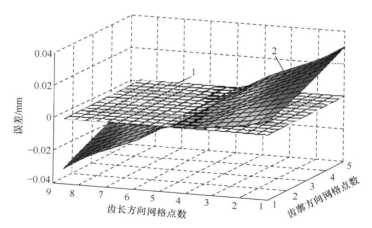

图 4.23 考虑主轴箱相对于工具悬摆轴移动误差的齿面差曲面
1-理论曲面;2-误差曲面

3）工具悬摆轴 B_6 相对于进给轴 B_5 转动时对面齿轮加工的影响

若只考虑两者的相对转动误差，此时含误差的齿面方程可表示为

$$
\begin{bmatrix} x_2 \\ y_2 \\ z_2 \\ 1 \end{bmatrix} = [T_{34}]^{-1} [H_{23}]^{-1} [H_{12}]^{-1} [T_{15}] [H_{56}] [H_{67}] [H_{78}] [T_{89}] \begin{bmatrix} x_1 \\ y_1 \\ z_1 \\ 1 \end{bmatrix}
$$

$$(4.104)$$

同理，可得考虑悬摆轴相对于进给轴转动误差的齿面差曲面如图 4.24 所示，此时转动产生的误差对面齿轮齿形影响较大的是在齿高方向；当二者发生相对转动时，主要表现为对面齿轮的螺旋角误差影响较大[31]。

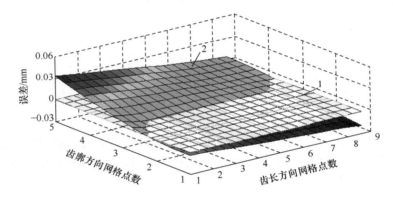

图 4.24　考虑悬摆轴相对于进给轴转动误差的齿面差曲面

1-理论曲面；2-误差曲面

4）进给轴 B_5 相对于床身 B_1 移动时对面齿轮齿面加工的影响

若只考虑二者相对移动误差，含误差的齿面方程可表示为

$$
\begin{bmatrix} x_2 \\ y_2 \\ z_2 \\ 1 \end{bmatrix} = [T_{34}]^{-1} [H_{23}]^{-1} [H_{12}]^{-1} [T_{15}] [H_{56}] [H_{67}] [H_{78}] [T_{89}] \begin{bmatrix} x_1 \\ y_1 \\ z_1 \\ 1 \end{bmatrix}
$$

$$(4.105)$$

可得考虑进给轴相对于床身移动误差的齿面差曲面如图 4.25 所示，此时移动产生的误差对沿齿廓、齿长、齿高三个方向的齿形影响都较大；当二者有相对移动时，主要表现为对面齿轮的螺旋角误差影响较大[31]。

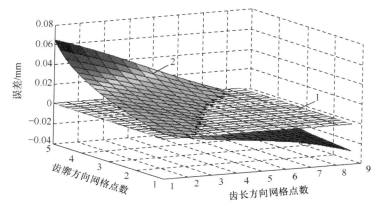

图 4.25　考虑进给轴相对于床身移动误差的齿面差曲面
1-理论曲面；2-误差曲面

4.3　磨削齿面误差修正

4.3.1　齿面误差修正概述

　　本节主要讨论螺旋锥齿轮齿面误差修正。在齿轮设计时，一般要对设计出的齿轮在计算机上进行齿面接触分析，严格按照设计参数进行加工，齿面接触区可以达到理想的要求。但在实际加工过程中，由于机床固有误差、操作人员调整误差等的影响，实际加工出的齿面接触区往往达不到预期要求，但这些误差在机床上加工具有一定的规律性，故可以对齿面进行反调修正[4]。

　　反调修正就是使实际加工出的齿面向理论齿面逐步逼近的过程。在螺旋锥齿轮加工机床上每加工一种螺旋锥齿轮，就有一组相应的机床和刀具参数与其对应。在试切过程中，往往最初的机床与刀具参数所加工出来的齿轮不能满足精度要求，但可用试切件来做反调修正，直至达到规定的精度。将试切的螺旋锥齿轮放到检测中心上检测，通过计算机模拟，得到修正的调整参数可使测量误差逐步减小，使实际齿面与理论齿面相一致。

　　传统的反调修正在滚动检验机上进行。首先将齿轮按设计位置安装在滚动检验机上，齿面上涂上红丹粉，在轻负荷下运转，就能观察到齿面接触区的形状、大小和位置。当齿轮副接触不良时，必须对加工小轮的机床调整参数进行修正。通常有两种修正方式：一种是由技术人员根据接触区性质改变某些数据重新计算，给出新的调整卡，称为小轮控制数据；另一种是比例修正，即通过改变多个相关参数达到修正效果，以其中一个参数为主导，按比例改变其他相关参数。比例修正公式主要根据机床调整参数在各个方向上的几何关系和设计计算公式,应用微分原理进行推导,根据现场齿面接触区的配对情况改变机床的调整参数。小轮控制数据的修正方法对齿面接触区的修正非常有效,但需要技术人员重新计算切齿调整数据,在现场使用很不方便。这种方法只有在接触区与理想状态的大小、形状相差很大时才使用[4]。

接触区位置修正时,一般顺序如下:①螺旋角修正,即使接触区位于齿长中部;②压力角修正,即使接触区位于齿高中部;③纵向曲率修正,即控制纵向接触区长度;④齿廓曲率修正,即调整接触区宽度;⑤对角接触修正,即消除内对角或减轻内对角接触。

修正过程实质是改变加工调整参数使理论齿面向实际齿面贴合,得到实际齿面所对应的一组加工调整参数,而齿面修正的目的是求解切齿调整参数,用这套参数在相同机床上可加工出理论齿面。因此,重新进行齿轮加工时,新的加工参数等于原加工参数减去调整修正量,新加工参数加工出的齿面更接近理论齿面。

由于测量所得到的偏差值是实际齿面相对于理论齿面的偏差,所以在修正时只需要考虑将实际齿面各个点的偏差修正到一定精度即可。因此,实际应用中只对有限的遍布全齿面的测量点建立齿面误差识别方程,并将所有测量点的方程组成一个方程组。但齿面测量点数量一般都在 45 以上,远大于机床调整参数的数量,因此根据所有齿面测量点建立的齿面误差识别方程组为一个超定方程组。目前国内外研究常采用最小二乘法求解此方程组,由于这是个不适定问题,对应于小奇异值的项,误差将被放大,随着奇异值的项越来越少,误差被放大的情况越严重,这样很容易得到无意义的解。因此,本节提出采用 TSVD(截断奇异值分解)正则化方法将容易造成不稳定的较小的奇异值直接截去,使原来的不适定问题转化为一个适定问题来求解,提高求解精度,从而进一步提高齿面偏差修正精度[4]。

4.3.2　齿面误差建模

1. 机械式螺旋锥齿轮机床坐标系的建立

由于目前螺旋锥齿轮的齿面误差修正仍然是反调传统的机械式螺旋锥齿轮机床的 8 个调整参数,对螺旋锥齿轮的磨削加工也是如此[27]。传统的机械式螺旋锥齿轮加工机床如图 4.26 所示,其中,1 为刀盘主轴,2 为刀倾体,3 为刀转体,4 为偏心轮,5 为摇台,6 为刀头立柱,7 为轮坯安装角调整轴,8 为轴偏移滑块,9 为工件箱,10 为工件主轴。

以加工准双曲面齿轮副的小轮为例,采用刀倾法加工,螺旋锥齿轮齿面就是刀盘上所有切削点的运动轨迹形成的包络面,其坐标系与刀倾角 i 如图 4.27 所示。

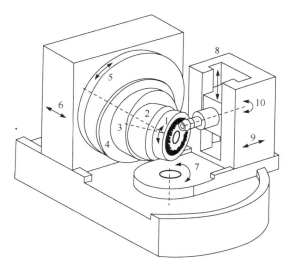

图 4.26　机械式螺旋锥齿轮机床

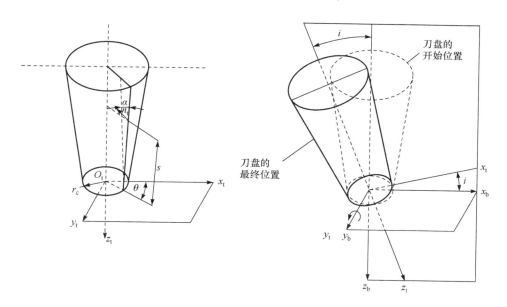

图 4.27　刀盘坐标系

根据机械式铣齿机的结构,建立如图 4.28 和图 4.29 所示坐标系。与机床相连的固定坐标系为 S_o、S_q,运动坐标系 S_c、S_p 分别与机床的摇台和所加工的齿轮固连,坐标系 S_t 与刀盘固连。图 4.27～图 4.29 中的主要字母符号含义分别为:i 为刀倾角,E_m 为垂直轮位,γ_m 为轮坯安装角,ΔB 为床位,ΔA 为水平轮位,S_R 为刀位,j 为刀转角。

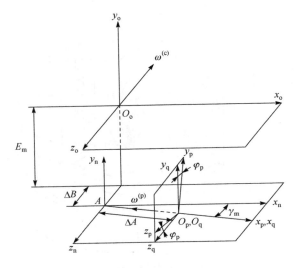

图 4.28　机床坐标系

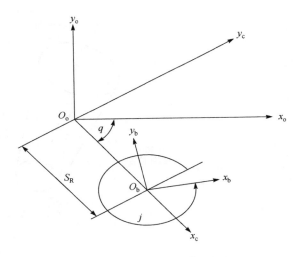

图 4.29　摇台与刀具坐标系

2. 螺旋锥齿轮小轮齿面偏差识别方程的建立

由机床制造误差等因素引起的螺旋锥齿轮加工齿面偏差是由机床加工调整参数变化造成的。因此,在对螺旋锥齿轮的齿面偏差进行修正反调时,可以只对机床加工调整参数进行修正。

加工小轮的齿面方程为

$$r_{\mathrm{p}}(\theta,\varphi_{\mathrm{p}},d_j)\in C^2, \quad (\theta,\varphi_{\mathrm{p}})\in E \tag{4.106}$$

式中,$d_j(j=1,\cdots,8)$分别表示机床的加工调整参数:i、E_{m}、γ_{m}、ΔB、ΔA、S_{R}、j、θ;C^2 表示向量函数 r_{p} 对 θ、φ_{p} 存在二阶以上的导数。

小轮的齿面方程的单位法向量可以表示为

$$n_{\mathrm{p}}(\theta,\varphi_{\mathrm{p}},d_k) \tag{4.107}$$

式中,$d_k(k=1,\cdots,4)$表示机床的加工调整参数:i、γ_{m}、j、θ。

对式(4.106)进行全微分,可得

$$\Delta r_i = \frac{\partial r}{\partial \theta}\Delta\theta + \frac{\partial r}{\partial \varphi_{\mathrm{p}}}\Delta\varphi_{\mathrm{p}} + \sum_{j=1}^{8}\frac{\partial r_i}{\partial d_j}\Delta d_j \tag{4.108}$$

然后对式(4.108)两边分别点乘单位法向量 n_i,即

$$\Delta r_{ni} = \Delta r_i \cdot n_i = \sum_{j=1}^{8}\left(\frac{\partial r_i}{\partial d_j}\Delta d_j\right)\cdot n_i \tag{4.109}$$

式中,i 为齿轮齿面的划分网格点数,$\frac{\partial r}{\partial\theta}\cdot n = \frac{\partial r}{\partial\varphi_{\mathrm{p}}}\cdot n = 0$。

由于齿面的法向偏差应该等于由测量系统所测量的偏差,则可得到一组超定线性方程组,即齿面偏差识别方程为

$$\sum_{j=1}^{8}\left(\frac{\partial r_i}{\partial d_j}\Delta d_j\right)\cdot n_i = \Delta b_i \tag{4.110}$$

此方程也为不适定方程组,通过求解可得机床调整参数的变化量,从而实现对齿面偏差的修正。

4.3.3　齿面误差识别方程的求解与分析

采用最小二乘法求解,容易使求解的机床调整参数超出机床的实际调整范围,而采用 TSVD 正则化方法与 L 曲线法求解,可避免求解的机床调整参数超出机床的实际调整范围,而且不用建立参数约束条件[4]。

TSVD 正则化方法是用适定问题 $A_k x = b$ 来逼近原问题 $Ax = b$,方程 $A_k x = b$ 的解为

$$x_{\mathrm{tsvd}} = \sum_{i=1}^{k}\frac{\langle u_i, b\rangle}{\sigma_i}v_i \tag{4.111}$$

在 TSVD 正则化方法中,处理不适定问题的一个难点在于正则化参数的选取,正则化参数实质上相当于截断参数 K,可根据矩阵的奇异值分解来分析 TSVD 正则化方法的正则化效果。当截断参数选取较大时,x_{tsvd} 能够较好地拟合数据,但放松了对解的范数最小的限制(x_{tsvd} 可能会很大);反之,当截断参数选取较小时,

可以保证解的范数较小,但会牺牲数据的拟合程度。因此,如何合理地选取截断参数,使这两个量达到最佳的平衡,是 TSVD 正则化方法的关键。

螺旋锥齿轮小轮几何参数和刀倾法基本加工参数如表 4.7 和表 4.8 所示,采用 TSVD 正则化方法与 L 曲线法求解的齿面偏差数据如表 4.9 和表 4.10 所示。

表 4.7   螺旋锥齿轮小轮几何参数

项目	参数
齿数	13
轴交角/(°)	90
节锥角/(°)	18.3740
面锥角/(°)	23.7763
根锥角/(°)	17.2740
中点螺旋角/(°)	48.5
齿面宽/mm	38.30
节圆直径/mm	88.22
全齿高/mm	11.63
旋向	右

表 4.8   螺旋锥齿轮小轮刀倾法基本加工参数

项目	凹面	凸面
刀具直径/mm	226.0600	229.8700
齿形角/(°)	14.0000	31.0000
径向刀位/mm	109.6660	114.0236
刀倾角/(°)	23.5244	21.5557
基本刀转角/(°)	343.9576	330.5213
垂直轮位/mm	−34.5800	−40.1200
轮坯安装角/(°)	−2.9324	−2.8069
水平轮位/mm	−3.1000	3.2800
床位/mm	14.8200	23.8700
摇台初始角/(°)	89.7730	82.3393
滚比	0.3230215	0.3020446

表 4.9　螺旋锥齿轮小轮凸面齿面偏差数据（单位：mm）

齿长点数 齿廓点数	1	2	3	4	5	6	7	8	9
1	−0.0269	−0.0196	−0.0164	−0.0112	−0.0052	−0.0027	0.0062	0.0090	0.0155
2	−0.0237	−0.0181	−0.0135	−0.0103	−0.0040	0.0030	0.0062	0.0129	0.0170
3	−0.0202	−0.0149	−0.0109	−0.0083	−0.0006	0.0014	0.0083	0.0123	0.0176
4	−0.0204	−0.0147	−0.0105	−0.0031	−0.0022	0.0052	0.0098	0.0127	0.0172
5	−0.0185	−0.0127	−0.0092	−0.0056	−0.0012	0.0047	0.0090	0.0155	0.0187

表 4.10　螺旋锥齿轮小轮凹面齿面偏差数据（单位：mm）

齿长点数 齿廓点数	1	2	3	4	5	6	7	8	9
1	0.0291	0.0206	0.0138	0.0058	−0.0047	−0.0120	−0.0175	−0.0264	−0.0331
2	0.0273	0.0223	0.0145	0.0111	−0.0002	−0.0069	−0.0146	−0.0206	−0.0302
3	0.0298	0.0207	0.0141	0.0084	0.0013	−0.0089	−0.0115	−0.0195	−0.0291
4	0.0286	0.0217	0.0148	0.0089	0.0020	−0.0053	−0.0126	−0.0187	−0.0249
5	0.0232	0.0208	0.0150	0.0083	0	−0.0075	−0.0128	−0.0180	−0.0238

　　采用 TSVD 正则化方法与 L 曲线法，利用 MATLAB 进行运算，得到的结果与采用最小二乘法求解对比如表 4.11 所示。

表 4.11　采用不同方法修正螺旋锥齿轮小轮加工参数结果对比

项目	凹面		凸面	
	TSVD 正则化方法 与 L 曲线法	最小二乘法	TSVD 正则化方法 与 L 曲线法	最小二乘法
径向刀位/mm	110.4514	110.4463	113.6612	113.6455
刀倾角/(°)	24.9915	24.9937	21.2684	21.2779
基本刀转角/(°)	346.3168	346.3286	330.5978	330.6729
垂直轮位/mm	−35.4534	−35.4505	−39.6373	−39.6325
轮坯安装角/(°)	−4.4612	−4.4501	−2.5152	−2.5031

项目	凹面		凸面	
	TSVD 正则化方法与 L 曲线法	最小二乘法	TSVD 正则化方法与 L 曲线法	最小二乘法
水平轮位/mm	3.9715	−3.9705	3.7734	3.7675
床位/mm	14.8200	14.8200	23.8700	23.8700
摇台初始角/(°)	90.1850	90.1774	82.3095	82.3170
滚比	0.3230215	0.3230215	0.3020446	0.3020446

计算比较上述两种解法的方程误差,对凹面,采用 TSVD 正则化方法与 L 曲线法,方程误差为 $e_{tsvd}=\mathrm{norm}(B-Ax_{tsvd})=5.1571\times10^{-2}$,而采用最小二乘法,方程误差为 $e_{lm}=\mathrm{norm}(B-Ax_{lm})=8.9563\times10^{-1}$;对凸面,采用 TSVD 正则化方法与 L 曲线法,方程误差为 $e_{tsvd}=\mathrm{norm}(B-Ax_{tsvd})=4.3882\times10^{-2}$,而采用最小二乘法,方程误差为 $e_{lm}=\mathrm{norm}(B-Ax_{lm})=3.5376\times10^{-1}$。比较可知,采用 TSVD 正则化方法比 L 曲线法求解此齿面偏差识别方程更为精确。

4.4　磨削齿面误差检测与修正实验

4.4.1　齿面误差检测与修正实验步骤

本节主要讨论螺旋锥齿轮磨削齿面误差的检测与修正,其实验步骤如下[4]:

(1) 选择汽车后桥用的半成品螺旋锥齿轮一副;

(2) 根据其几何参数、加工参数,在齿轮测量中心测量齿面偏差;

(3) 采用 TSVD 正则化方法,计算其加工参数修正值;

(4) 根据修正后的加工参数进行加工;

(5) 将加工后的齿轮副在齿轮测量中心测量;

(6) 将前后检测的结果进行对比,检查是否达到修正误差的目的,以验证所研究的修正方法的正确性。

4.4.2　齿面误差检测与修正实验条件

螺旋锥齿轮磨齿加工采用 YK2035 磨齿机,齿面误差测量采用美国 M&M 公司 Sigma7 齿轮测量中心(图 4.30)。

以某一对汽车后桥用的准双曲面齿轮为实验对象,采用 HFT(大轮用成形法、小轮用刀倾法)加工,齿轮副基本几何参数、机床基本加工参数如表 4.12～表 4.14 所示。

图 4.30　Sigma7 齿轮测量中心

表 4.12　准双曲面齿轮副基本几何参数

项目	小轮	大轮
齿数	11	43
轴交角/(°)	90	90
模数/mm	10.465	10.465
旋向	左旋	右旋
外锥距/mm	244.64	234.25
齿顶高/mm	14.52	3.01
齿根高/mm	5.61	16.93
节锥角	15°55′	73°51′
根锥角	15°4′	69°38′
齿面宽/mm	74.91	70.00
节锥顶点到交叉点/mm	10.43	−1.27
面锥顶点到交叉点/mm	1.99	−1.81
根锥顶点到交叉点/mm	4.09	−0.98
轮冠顶点到交叉点/mm	220.47	63.55

表 4.13　准双曲面齿轮大轮成形法基本加工参数

项目	参数
刀具直径/mm	406.4000
齿形角/(°)	凹面 22.5000，凸面 22.5000
刀顶距/mm	4.0640
垂直刀位/mm	166.4966
水平刀位/mm	82.3657
水平轮位/mm	−0.9575
轮坯安装角/(°)	69.6301

表 4.14　准双曲面齿轮小轮刀倾法基本加工参数

项目	凹面	凸面
刀具直径/mm	400.0500	410.9720
齿形角/(°)	14.0000	31.0000
径向刀位/mm	175.8584	189.8425
刀倾角/(°)	16.6374	17.3188
基本刀转角/(°)	324.9072	315.8049
垂直轮位/mm	30.0511	41.4526
轮坯安装角/(°)	−3.1717	−4.0264
水平轮位/mm	−5.3341	7.8290
初始摇台角/(°)	57.8934	51.3126
床位/mm	38.7904	48.5043
滚比	3.682325	4.026764

4.4.3　齿面误差检测与修正实验对比分析

在磨齿机上加工后，采用齿轮测量中心测量修正前的齿面误差，得到准双曲面齿轮大轮、小轮的齿面误差检测结果，分别如图 4.31 和图 4.32 所示。结果表明，误差主要影响齿面的大小端附近，从而对齿面的螺旋角误差影响较大，将会引起齿轮啮合的接触区靠近大端或小端附近[4]。

采用 TSVD 正则化方法与 L 曲线法，对齿面误差修正模型进行求解，采用 MATLAB 编程计算，可得到大、小轮的加工参数变化量以及修正后的调整参数，如表 4.15 和表 4.16 所示。

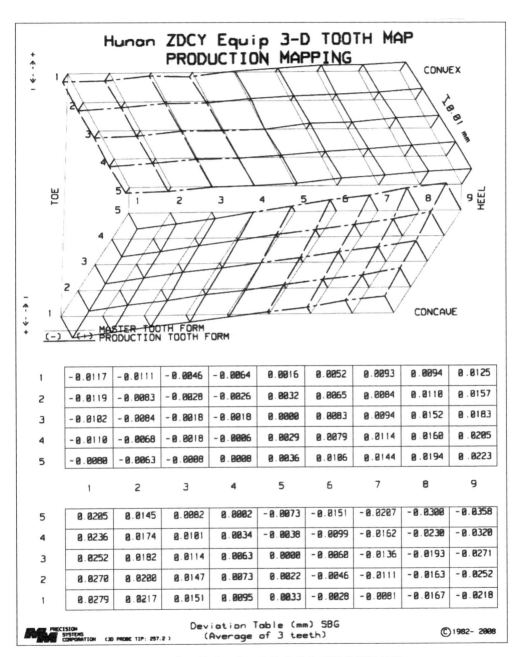

图 4.31　修正前准双曲面齿轮大轮齿面误差检测结果

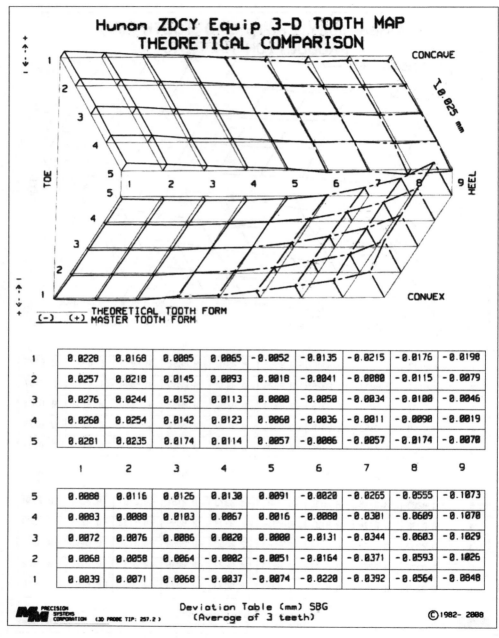

图 4.32　修正前准双曲面齿轮小轮齿面误差检测结果

表 4.15　修正后准双曲面齿轮大轮成形法基本加工参数

项目	参数	
	修正后	变化量
刀具直径/mm	406.4000	0
齿形角/(°)	凹面 22.5000，凸面 22.5000	0
刀顶距/mm	4.0640	0
垂直刀位/mm	166.5007	0.0041
水平刀位/mm	82.6464	0.2807
水平轮位/mm	−0.4923	0.4652
轮坯安装角/(°)	69.2543	−0.3758

表 4.16　修正后准双曲面齿轮小轮刀倾法基本加工参数

项目	凹面		凸面	
	修正后	变化量	修正后	变化量
刀具直径/mm	400.0500	0	410.9720	0
齿形角/(°)	14.0000	0	31.0000	0
径向刀位/mm	175.0933	−0.7651	188.8038	−1.0387
刀倾角/(°)	15.3127	−1.3247	16.0633	−1.3125
基本刀转角/(°)	322.5538	−2.3534	313.3280	−2.4769
垂直轮位/mm	30.8924	0.8413	42.3453	0.8927
轮坯安装角/(°)	−1.5496	1.6221	−2.4316	1.5948
水平轮位/mm	−4.7992	0.5349	8.4635	0.6345
摇台初始角/(°)	58.7165	−0.8231	51.5048	−0.1922
床位/mm	38.7904	0	48.5043	0
滚比	3.682325	0	4.026764	0

　　根据修正的机床调整参数,再次对螺旋锥齿轮进行加工,加工后通过齿轮检测中心进行检测,得到如图 4.33 和图 4.34 所示的修正后齿面误差检测结果。

　　分别对比图 4.31 与图 4.33、图 4.32 与图 4.34 可得:螺旋锥齿轮的齿面偏差明显减少,齿面加工精度提高了 1～2 级。因此,本实验验证了采用 TSVD 正则化方法的齿面误差修正模型是正确的,误差修正效果明显,修正精度也达到了较高水平[4]。

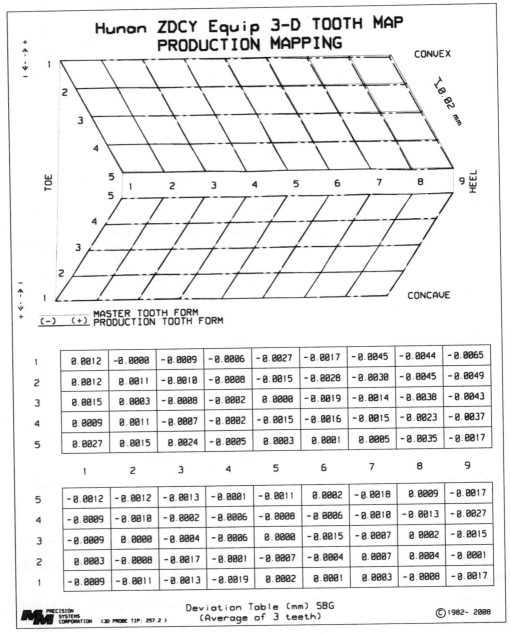

图 4.33　修正后准双曲面齿轮大轮齿面误差检测结果

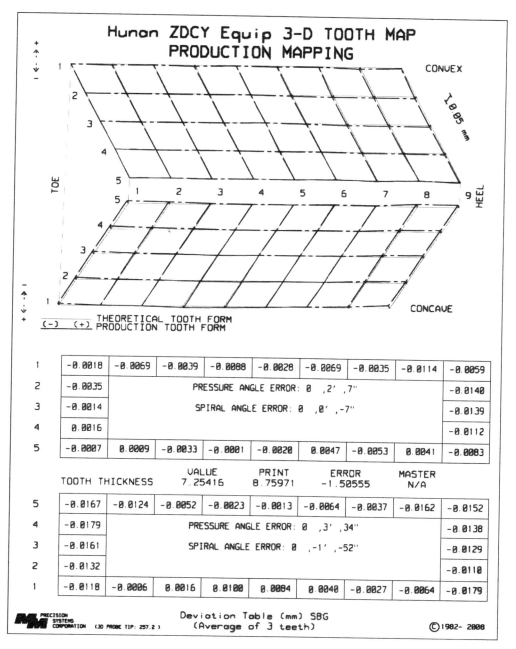

图 4.34　修正后准双曲面齿轮小轮齿面误差检测结果

第 5 章 齿轮磨削表面粗糙度

5.1 磨削表面粗糙度的形成机理与影响因素

5.1.1 磨削表面粗糙度的形成机理

磨削表面粗糙度是齿面性能的重要指标之一,它对齿轮的耐磨性、抗疲劳性能、耐腐蚀性能、配合精度以及传动质量等有重大影响[3]。

螺旋锥齿轮是按照"假想产形轮"切齿原理进行加工的,即通过假想产形轮与被切齿轮进行无隙啮合,代表产形轮轮齿的刀盘切削刃在被切齿轮的轮坯上逐渐地切出齿形。展成法磨削面齿轮时,把碟形砂轮做旋转运动形成的圆锥面假想成虚拟插齿刀的一个轮齿来切出齿形。螺旋锥齿轮磨削时一般采用展成法加工,大轮采用双面法,小轮则根据大轮采用单面法分别加工出小轮的凹、凸齿面。

当用展成法磨削螺旋锥齿轮或面齿轮时,在齿槽的任一横截面,磨削都是从齿顶到齿根(或从齿根到齿顶)渐进地生成齿廓,由砂轮切削刃在不同位置包络而成,如图 5.1 所示。瞬时接触迹线为倾斜的一段,倾斜方向是一端朝大端齿根,另一端朝小端齿顶,并随着展成运动由小端向大端(或由大端向小端)沿纵向移动,齿轮节线方向(纵向)的点线为圆弧状,如图 1.20 所示。在砂轮来回磨削过程中,砂轮与齿面摩擦、切屑分离时通过齿面塑性变形及耕犁作用,形成一系列的径向凸起高度,从而形成磨削齿面粗糙度[3]。

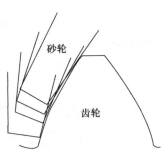

图 5.1 磨削齿廓生成示意图

5.1.2　磨削表面粗糙度的影响因素

磨削是一个动态和高度非线性的复杂过程,砂轮上随机分布且具有较大负前角的磨粒在齿面上经过滑擦、耕犁和成屑等过程来循环切除材料,通过力热交互作用使齿面表层产生弹性变形、塑性变形和热变形,从而生成工件表面,形成齿面的微观几何形貌。表面粗糙度是磨削表面微观几何形貌的重要特征,其影响因素有磨削用量、砂轮、工件材料、磨削加工轨迹、磨削液、工艺系统的刚度及其动态特性等[3]。下面主要讨论前三种影响因素。

1. 磨削用量

1)砂轮速度

通常来说,随着砂轮速度的增加,其对工件的切削能力也会随之提高,单位时间内磨削工件表面的磨粒数量增多,砂轮与工件接触面之间的摩擦就会变小,所以表面光洁度更高,粗糙度相应就会更小[3]。

2)工件速度

工件速度的增加,会使单位面积工件表面残留高度增大,从而加大粗糙度。

3)切削深度

切削深度的增大,会使单颗磨粒的最大切削厚度增大,划痕数减少,同时增大塑性变形,从而使工件表面变得更加粗糙。

4)光磨次数

增加光磨次数能使砂轮磨粒不断磨削工件,其表面轮廓会受众多磨粒的修正,随着更多较低突起高度磨粒的滑擦抛光,粗糙度也会相应降低[35]。

2. 砂轮

1)砂轮的粒度

砂轮的粒度越细,砂轮磨削工作表面时单位面积上通过的磨粒数量就会越多,伴随着磨粒的切削作用使齿面刻痕也越稠密,相应的表面粗糙度就越小。用于共轭曲面磨削的砂轮一般粒度选择 $60^{\#} \sim 80^{\#}$。

2)砂轮的修整

一般来说,修整导程和修整深度越小,修出的磨粒切削刃就越多,表面粗糙度就越小[19]。

3)砂轮的硬度

一般来说,磨削材料的硬度与砂轮硬度成反比。较软的砂轮,磨粒易脱落;较硬的砂轮,磨粒易锐化[35]。

4）砂轮材料与组织

砂轮的组织号表示为磨粒、气孔和黏合剂之间的比例关系。组织紧密的砂轮，由于其磨粒比例比较大，气孔相应就会减小，所以适用于精密磨削和成形磨削。而组织疏松的砂轮，虽然气孔较大，但磨削时砂轮不易堵塞，适于对软金属、非金属等材料进行磨削[35]。目前共轭曲面磨削所用砂轮一般选择 SG 砂轮或者白刚玉（棕刚玉）砂轮。

3. 工件材料

通常来说，对塑形材料进行切削时，材料受磨削时工件和刀具的挤压作用使得磨屑易堵塞砂轮，会产生塑形变形，增大表面粗糙度。而在加工脆性材料时，材料过硬则易使磨粒钝化，加剧砂轮与工件之间的摩擦，最后导致粗糙度增大。合理选用切削液，可减少切屑、刀具、工件接触面间的摩擦作用，降低磨削区温度和切削区金属表面的塑性变形程度，避免划伤工件，从而抑制积屑瘤的产生，因此可降低表面粗糙度[36]。本书磨削使用的螺旋锥齿轮材料为 20CrMnTi，面齿轮材料为 18Cr2Ni4WA，均为低碳合金渗碳钢，属于韧性材料，磨削时塑形变形大，因此对磨削表面粗糙度的影响大。

5.2　齿轮磨削加工轨迹计算

5.2.1　螺旋锥齿轮磨削加工轨迹计算

1. 展成法磨削弧齿锥齿轮大轮的齿面数学模型

1）大轮齿面磨削加工坐标系的建立

对应于图 1.8 所示的螺旋锥齿轮全数控磨齿机，展成法加工弧齿锥齿轮大轮时，其加工坐标系如图 5.2 所示[36]。

图 5.2 中，S_{m2} 固连于磨齿机，为静坐标系，其原点 O_{m2} 位于机床中心，$O_{m2}X_{m2}Y_{m2}$ 平面位于机床内与摇台主轴垂直的平面内。S_{c2} 固连于摇台，在展成过程中 S_{c2} 绕坐标系 S_{m2} 的 Z_{m2} 坐标轴旋转，在初始位置时 S_{c2} 与 S_{m2} 重合，φ_g 为 S_{c2} 的当前转角。S_{p2} 固连于 S_{c2} 上，并固连于刀盘安装平面，原点 O_{p2} 位于刀盘中心，$O_{p2}X_{p2}Y_{p2}$ 平面位于刀尖平面内，其中 q_2 为角向刀位，S_{r2} 为径向刀位。S_a 为辅助坐标系，用于描述被加工大轮在机床上的安装位置，固连于 S_{m2}，X_a 与 X_{m2} 成 γ_2 角（大轮根锥角）。S_2 固连于被加工大轮，其原点 O_2 为被加工大轮的节锥顶点；在展成过程中，S_2 绕 S_a 的 X_a 轴旋转，初始位置时 S_2 与 S_a 重合，φ_2 为 S_2 的当前转角。X_{B2} 为床

位，X_{g2} 为轴向轮位，摇台旋转的角速度矢量为 $\omega^{(g)}$，被加工大轮旋转的角速度矢量为 $\omega^{(2)}$。

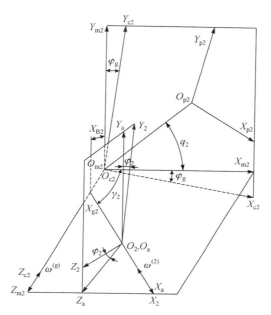

图 5.2 弧齿锥齿轮大轮加工坐标系

2）大轮刀具切削面的表示

加工螺旋锥齿轮副的刀具切削锥面如图 5.3 所示[3]。

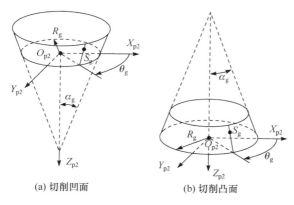

(a) 切削凹面   (b) 切削凸面

图 5.3 大轮刀具切削锥面

刀具切削面及其单位法线在 S_{p2} 中表示为

$$r_{p2}(S_g, \theta_g) = \begin{bmatrix} (R_g + S_g \sin\alpha_g)\cos\theta_g \\ (R_g + S_g \sin\alpha_g)\sin\theta_g \\ -S_g\cos\alpha_g \\ 1 \end{bmatrix} \tag{5.1}$$

由 $n_{p2} = \dfrac{N_{p2}}{|N_{p2}|}$，$N_{p2} = \dfrac{\partial r_{p2}(S_g, \theta_g)}{\partial S_g} \times \dfrac{\partial r_{p2}(S_g, \theta_g)}{\partial \theta_g}$ 可得

$$n_{p2} = \begin{bmatrix} \cos\alpha_g\cos\theta_g & \cos\alpha_g\sin\theta_g & \sin\alpha_g \end{bmatrix}^{T} \tag{5.2}$$

式中，S_g 和 θ_g 为曲面坐标；α_g 为刀具齿形角，对于外刀（切削大轮凹面）取为负值，对于内刀（切削大轮凸面）取为正值；R_g 为大轮刀盘的刀尖半径，$R_g = r_0 \pm W_2/2$，对外刀刃取"$+$"，对内刀刃取"$-$"，r_0 为刀盘名义直径，W_2 为刀顶距。

刀具切削面及其单位法线在 S_2 中表示为

$$r_2(S_g, \theta_g, \varphi_g) = M_{2a}M_{am2}M_{m2c2}M_{c2p2}r_{p2}(S_g, \theta_g) \tag{5.3}$$

$$n_2(\theta_g, \varphi_g) = L_{2a}L_{am2}L_{m2c2}L_{c2p2}n_{p2} \tag{5.4}$$

式中，M_{2a}、M_{am2}、M_{m2c2}、M_{c2p2} 为坐标系之间的 Denavit-Hartenberg 齐次变换矩阵，它们各自去掉最后一行和最后一列得到的矩阵分别为 L_{2a}、L_{am2}、L_{m2c2}、L_{c2p2}，其中：

$$M_{2a} = \begin{bmatrix} 1 & 0 & 0 & 0 \\ 0 & \cos\varphi_2 & -\sin\varphi_2 & 0 \\ 0 & \sin\varphi_2 & \cos\varphi_2 & 0 \\ 0 & 0 & 0 & 1 \end{bmatrix}, \quad M_{am2} = \begin{bmatrix} \cos\gamma_2 & 0 & \sin\gamma_2 & -X_{B2}\sin\gamma_2 \\ 0 & 1 & 0 & 0 \\ -\sin\gamma_2 & 0 & \cos\gamma_2 & X_{B2}\cos\gamma_2 \\ 0 & 0 & 0 & 1 \end{bmatrix}$$

$$M_{m2c2} = \begin{bmatrix} \cos\varphi_g & \sin\varphi_g & 0 & 0 \\ -\sin\varphi_g & \cos\varphi_g & 0 & 0 \\ 0 & 0 & 1 & 0 \\ 0 & 0 & 0 & 1 \end{bmatrix}, \quad M_{c2p2} = \begin{bmatrix} 1 & 0 & 0 & S_{r2}\cos q_2 \\ 0 & 1 & 0 & S_{r2}\sin q_2 \\ 0 & 0 & 1 & 0 \\ 0 & 0 & 0 & 1 \end{bmatrix}$$

大轮展成加工过程中滚比 i_{02} 恒定，大轮转角 φ_2 和摇台角 φ_g 之间的关系为 $\varphi_2 = i_{02}\varphi_g$。

3）大轮磨削运动啮合方程的建立

大轮加工过程中，在磨齿机静坐标系 S_{m2} 中有啮合方程成立，即

$$n_{m2} v_{m2}^{g2} = 0 \tag{5.5}$$

式中，n_{m2} 为刀具切削面在 S_{m2} 中的法线，v_{m2}^{g2} 为被加工大轮与产形轮在 S_{m2} 中切削点的相对运动速度，有

$$n_{m2}(\theta_g, \varphi_g) = L_{m2c2}L_{c2p2}n_{p2} \tag{5.6}$$

$$v_{m2}^{g2} = (\omega_{m2}^{g} - \omega_{m2}^{2}) \times r_{m2} - R_{m2} \times \omega_{m2}^{2} \tag{5.7}$$

设 $|\omega_{m2}^{2}| = 1$，则有

$$\omega_{m2}^{g} = \begin{bmatrix} 0 & 0 & -\dfrac{1}{i_{02}} \end{bmatrix}^{T} \tag{5.8}$$

$$\omega_{m2}^2 = \begin{bmatrix} -\cos\gamma_2 & 0 & -\sin\gamma_2 \end{bmatrix}^T \tag{5.9}$$

$$r_{m2} = M_{m2c2}M_{c2p2}r_{p2}(S_g, \theta_g) \tag{5.10}$$

$$R_{m2} = \begin{bmatrix} 0 & 0 & X_{B2} \end{bmatrix}^T \tag{5.11}$$

将式(5.8)～式(5.11)代入式(5.7)，然后将式(5.6)和式(5.7)代入式(5.5)，即可消去参数 S_g；将式(5.1)和式(5.2)代入式(5.3)和式(5.4)，则得在 S_2 中以 θ_g 和 φ_g 为曲面参数的大轮齿面方程 $r_2(\theta_g, \varphi_g)$ 和法线方程 $n_2(\theta_g, \varphi_g)$。

2. 展成法磨削弧齿锥齿轮小轮的齿面数学模型

1) 小轮齿面磨削加工坐标系的建立

展成法加工弧齿锥齿轮小轮时，其加工坐标系如图 5.4 所示，S_{m1} 固连于磨齿机，为静坐标系，其原点 O_{m1} 位于机床中心，$O_{m1}X_{m1}Y_{m1}$ 平面位于机床内与摇台主轴垂直的平面内。S_{c1} 固连于摇台，在展成过程中 S_{c1} 绕坐标系 S_{m1} 的 Z_{m1} 坐标轴旋转，在初始位置时 S_{c1} 与 S_{m1} 重合，φ_p 为 S_{c1} 的当前转角。S_{p1} 也固连于 S_{c1} 上，并固连于刀盘安装平面，原点 O_{p1} 位于刀盘中心，$O_{p1}X_{p1}Y_{p1}$ 平面位于刀尖平面内，其中 q_1 为角向刀位，S_{r1} 为径向刀位。S_a 为辅助坐标系，用于描述被加工小轮在机床上的安装位置，固连于 S_{m1}，X_a 与 X_{m1} 成 γ_1 角（小轮根锥角）。S_1 固连于被加工小轮，其原点 O_1 为被加工小轮的节锥顶点；在展成过程中，S_1 绕 S_a 的 X_a 轴旋转，初始位置时 S_1 与 S_a 重合，φ_1 为 S_1 的当前转角。X_{B1} 为床位，X_{g1} 为轴向轮位，E_{m1} 为垂直轮位，$\omega^{(p)}$ 为摇台旋转的角速度矢量，$\omega^{(1)}$ 为被加工小轮旋转的角速度矢量。

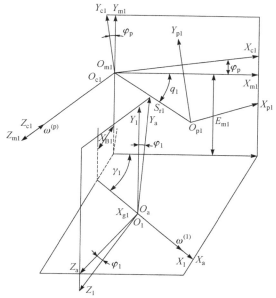

图 5.4　弧齿锥齿轮小轮加工坐标系

2) 小轮刀具切削面的表示

小轮的刀具切削锥面如图 5.5 所示,小轮刀具切削面及其单位法线在 S_{p1} 中表示为

$$r_{p1}(S_p,\theta_p)=\begin{bmatrix}(R_p+S_p\sin\alpha_p)\cos\theta_p\\(R_p+S_p\sin\alpha_p)\sin\theta_p\\-S_p\cos\alpha_p\\1\end{bmatrix}\qquad(5.12)$$

由 $n_{p1}=\dfrac{N_{p1}}{|N_{p1}|}$ 及 $N_{p1}=\dfrac{\partial r_{p1}(S_p,\theta_p)}{\partial S_p}\times\dfrac{\partial r_{p1}(S_p,\theta_p)}{\partial\theta_p}$ 可得

$$n_{p1}=\begin{bmatrix}\cos\alpha_p\cos\theta_p&\cos\alpha_p\sin\theta_p&\sin\alpha_p\end{bmatrix}^T\qquad(5.13)$$

式中,S_p 和 θ_p 为曲面坐标;α_p 为刀具齿形角,对于内刀(切削小轮凸面)取为负值,对于外刀(切削小轮凹面)取为正值;R_p 为小轮刀盘的刀尖半径,$R_p=r_0\pm W_1/2$,对外刀刃取"+",对内刀刃取"−",r_0 为刀盘名义直径,W_1 为刀顶距[35]。

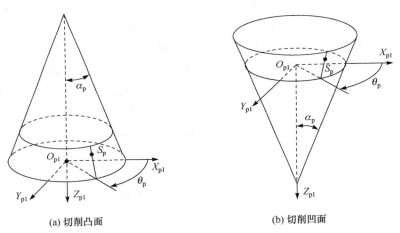

(a) 切削凸面   (b) 切削凹面

图 5.5 小轮刀具切削锥面

刀具切削面及其单位法线在 S_1 中表示为

$$r_1(S_p,\theta_p,\varphi_p)=M_{1a}M_{am1}M_{m1c1}M_{c1p1}r_{p1}(S_p,\theta_p)\qquad(5.14)$$

$$n_1(\theta_p,\varphi_p)=L_{1a}L_{am1}L_{m1c1}L_{c1p1}n_{p1}\qquad(5.15)$$

式中,M_{1a}、M_{am1}、M_{m1c1}、M_{c1p1} 为坐标系之间的 Denavit-Hartenberg 齐次变换矩阵,它们各自去掉最后一行和最后一列得到的矩阵分别为 L_{1a}、L_{am1}、L_{m1c1}、L_{c1p1},其中:

$$M_{1a}=\begin{bmatrix}1&0&0&0\\0&\cos\varphi_1&\sin\varphi_1&0\\0&-\sin\varphi_1&\cos\varphi_1&0\\0&0&0&1\end{bmatrix}$$

$$M_{\text{am1}} = \begin{bmatrix} \cos\gamma_1 & 0 & \sin\gamma_1 & -X_{\text{B1}}\sin\gamma_1 - X_{\text{g1}} \\ 0 & 1 & 0 & E_{\text{m1}} \\ -\sin\gamma_1 & 0 & \cos\gamma_1 & -X_{\text{B1}}\cos\gamma_1 \\ 0 & 0 & 0 & 1 \end{bmatrix}$$

$$M_{\text{m1c1}} = \begin{bmatrix} \cos\varphi_p & -\sin\varphi_p & 0 & 0 \\ \sin\varphi_p & \cos\varphi_p & 0 & 0 \\ 0 & 0 & 1 & 0 \\ 0 & 0 & 0 & 1 \end{bmatrix}, \quad M_{\text{c1p1}} = \begin{bmatrix} 1 & 0 & 0 & S_{\text{r1}}\cos q_1 \\ 0 & 1 & 0 & S_{\text{r1}}\sin q_1 \\ 0 & 0 & 1 & 0 \\ 0 & 0 & 0 & 1 \end{bmatrix}$$

式中,小轮展成加工过程中滚比 i_{01} 恒定,小轮转角 φ_1 和摇台角 φ_p 之间的关系为 $\varphi_1 = i_{01}\varphi_p$。

3) 小轮磨削啮合方程的建立

在磨齿机静坐标系 S_{m1} 中,小轮加工过程中有啮合方程成立,即

$$n_{\text{m1}} v_{\text{m1}}^{\text{g1}} = 0 \tag{5.16}$$

式中,n_{m1} 为刀具切削面在 S_{m1} 中的法线,$v_{\text{m1}}^{\text{g1}}$ 为被加工小轮与产形轮在 S_{m1} 中切削点的相对运动速度,有

$$n_{\text{m1}}(\theta_p, \varphi_p) = L_{\text{m1c1}} L_{\text{c1p1}} n_{\text{p1}} \tag{5.17}$$

$$v_{\text{m1}}^{\text{g1}} = (\omega_{\text{m1}}^{\text{g}} - \omega_{\text{m1}}^1) \times r_{\text{m1}} - R_{\text{m1}} \times \omega_{\text{m1}}^1 \tag{5.18}$$

设 $|\omega_{\text{m1}}^1| = 1$,则有

$$\omega_{\text{m1}}^{\text{g}} = \begin{bmatrix} 0 & 0 & \dfrac{1}{i_{01}} \end{bmatrix}^{\text{T}} \tag{5.19}$$

$$\omega_{\text{m1}}^1 = \begin{bmatrix} \cos\gamma_1 & 0 & \sin\gamma_1 \end{bmatrix}^{\text{T}} \tag{5.20}$$

$$r_{\text{m1}} = M_{\text{m1c1}} M_{\text{c1p1}} r_{\text{p1}}(S_p, \theta_p) \tag{5.21}$$

$$R_{\text{m1}} = \begin{bmatrix} X_{\text{g1}}\cos\gamma_1 & -E_{\text{m1}} & X_{\text{B1}} + X_{\text{g1}}\sin\gamma_1 \end{bmatrix}^{\text{T}} \tag{5.22}$$

将式(5.19)~式(5.22)代入式(5.18),再将式(5.17)和式(5.18)代入式(5.16),即可消去参数 S_p;将式(5.12)和式(5.13)代入式(5.14)和式(5.15),则得在 S_1 中以 θ_p 和 φ_p 为曲面参数的小轮齿面方程 $r_1(\theta_p, \varphi_p)$ 和法线方程 $n_1(\theta_p, \varphi_p)$。

3. 螺旋锥齿轮磨削加工轨迹计算方法

在螺旋锥齿轮磨削的加工轨迹计算时,主要是工作齿面的网格节点计算,其方法有离散点插值法和约束求解法,离散点插值法已在前面章节的螺旋锥齿轮磨削表面残余应力实体建模中有所运用。由于约束求解法计算比较简单,计算的齿面点就是所求的网格点,网格节点的计算精度比较高。因此,在基于加工轨迹的螺旋锥齿轮磨削表面粗糙度研究时,工作齿面的网格节点计算采用约束求解法[3]。

在用约束求解法根据齿面方程组求解齿面点时,有结构边界和精度约束条件。

结构边界约束如图 5.6 所示,在齿轮空间坐标系 O_k-$X_kY_kZ_k$ 中,将齿面上的点 (x_k, y_k, z_k) 投影到一轴向剖面 $O_pX_pY_p$ 中得到坐标 (x_p, y_p),齿面上的点 (x_k, y_k, z_k) 在 $O_pX_pY_p$ 平面上的投影必然位于齿轮齿顶线、齿根线、外锥距线和内锥距线构成的四边形内。以这四条边为边界条件,来判断由齿面方程 $r_2(\theta_g, \varphi_g)$(大轮齿面方程)或 $r_1(\theta_p, \varphi_p)$(小轮齿面方程)确定的点是否在此四边形范围内。精度约束条件是根据求解磨削表面粗糙度的加工轨迹精度需要,给定网格节点计算时的误差值 δ_T。

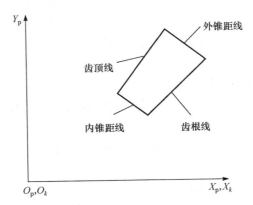

图 5.6　齿面网格节点计算时的结构边界约束

按结构边界和精度约束条件,用约束求解法求解齿面网格节点的约束条件为

$$\begin{cases} x_p = x_k \\ y_p = \sqrt{y_k^2 + z_k^2} \\ |x_p - x_{p0}| + |y_p - y_{p0}| \leqslant \delta_T \end{cases} \tag{5.23}$$

式中,x_{p0}、y_{p0} 为在 $O_pX_pY_p$ 平面上按离散网格节点计算的坐标。

在用约束求解法计算网格节点时,可使用 MATLAB 的通用程序,直接调用函数 fsolve 进行循环迭代求解,这样避免了用其他编程语言时需要编写复杂的程序求解非线性方程组的难题,并且可以方便地通过设置该函数的参数得到所需要的计算精度,大大简化了编程工作[3]。为了减少循环迭代的计算时间,需适当选取齿面网格点的数目,通常在工作齿面沿齿长方向和齿高方向的网格节点数为 9×5,或者 11×7、13×9 等。网格节点数越多,一般计算精度越高,但计算时间就会越长,要注意网格节点数与计算精度的匹配,避免计算过程的不稳定。

4. 螺旋锥齿轮磨削加工轨迹节点计算

以磨削接触迹线与螺旋锥齿轮磨削理论齿面的切点作为节点,该节点应满足磨削啮合方程。由于磨削是由经过齿面节点的有限个接触线段组成的,所以需对齿面进行网格离散化[37]。

将齿面上加工轨迹所有离散点投影到一轴向剖面 $O_p X_p Y_p$ 上,齿面旋转投影图和网格节点如图 5.7 所示,其中 O_p 为齿轮轴的节锥顶点,即交叉点 O_k($k=2$ 时为大轮,$k=1$ 时为小轮),X_p 轴为回转轴线。设沿根锥的齿长方向和齿高方向划分网格为 $m \times n$ 格,其中沿齿高方向的网格线在齿长方向上的距离是均等的,而沿齿长方向的网格线与齿根线的夹角是不同的,最内端的网格线与齿根线重合,最外端的网格线与齿顶线重合[3]。

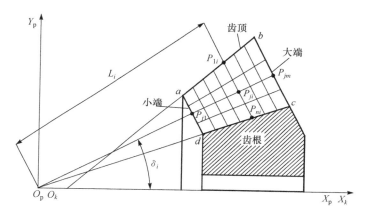

图 5.7 齿面旋转投影图和网格节点

设网格节点 P_{ji} 至 O_k 的距离为 L_i,$O_k P_{ji}$ 和旋转轴线 $O_k X_p$ 的夹角为 δ_i。齿轮的空间坐标系 O_k-$X_k Y_k Z_k$ 与平面坐标系 $O_p X_p Y_p$ 的原点重合,X_k 轴与 X_p 轴重合,则齿面点 P_{ji} 的坐标必须满足以下条件:

$$\begin{cases} x_p = x_k = L_i \cos\delta_i \\ y_p = \sqrt{y_k^2 + z_k^2} = L_i \sin\delta_i \end{cases}, \quad k=2 \text{ 时为大轮};k=1 \text{ 时为小轮} \quad (5.24)$$

对于齿面边界 b、c、a、d 四点在 $OX_p Y_p$ 平面的坐标值分别为

$$\begin{cases} x_b = R_e \cos\delta - h_{ea} \sin\delta \\ y_b = R_e \sin\delta + h_{ea} \cos\delta \end{cases} \quad (5.25)$$

$$\begin{cases} x_c = R_e \cos\delta + h_{ef} \sin\delta \\ y_c = R_e \sin\delta - h_{ef} \cos\delta \end{cases} \quad (5.26)$$

$$\begin{cases} x_a = x_b - b \cos\delta_a / \cos(\delta_a - \delta) \\ y_a = y_b - b \sin\delta_a / \cos(\delta_a - \delta) \end{cases} \quad (5.27)$$

$$\begin{cases} x_d = x_c - b \cos\delta_f / \cos(\delta - \delta_f) \\ y_d = y_c - b \sin\delta_f / \cos(\delta - \delta_f) \end{cases} \quad (5.28)$$

式中，R_e 为外锥距，b 为齿面宽，δ_a 为面锥角，δ 为节锥角，δ_f 为根锥角，h_{ea} 为齿顶高，h_{ef} 为齿根高。

在 $O_p X_p Y_p$ 坐标系中，对于网格节点 P_{ji} 的坐标 $(x_{ji}, y_{ji})(i=1,2,\cdots,m;j=1,2,\cdots,n)$，可求得

$$\begin{cases} x_{ji} = \dfrac{y_{1i} - y_{j1} - Cx_{1i} + Dx_{j1}}{D - C} \\ y_{ji} = y_{j1} + D(x_{ji} - x_{j1}) \end{cases} \tag{5.29}$$

式中

$$C = (y_{ni} - y_{1i})/(x_{ni} - x_{1i}), \quad D = (y_{jm} - y_{j1})/(x_{jm} - x_{j1})$$

$$x_{1i} = x_a + \frac{i-1}{m-1}(x_b - x_a), \quad y_{1i} = y_a + \frac{i-1}{m-1}(y_b - y_a)$$

$$x_{ni} = x_d + \frac{i-1}{m-1}(x_c - x_d), \quad y_{ni} = y_d + \frac{i-1}{m-1}(y_c - y_d)$$

$$x_{j1} = x_a + \frac{j-1}{n-1}(x_d - x_a), \quad y_{j1} = y_a + \frac{j-1}{n-1}(y_d - y_a)$$

$$x_{jm} = x_b + \frac{j-1}{n-1}(x_c - x_b), \quad y_{jm} = y_b + \frac{j-1}{n-1}(y_c - y_b)$$

将式(5.25)～式(5.28)代入式(5.29)，可计算节点 P_{ji} 的坐标；将 P_{ji} 的坐标 (x_{ji}, y_{ji}) 分别代入式(5.24)中的 x_p、y_p，与式(5.3)、式(5.4)或式(5.14)、式(5.15)联立求解，可得大轮齿面上运动轨迹各节点的空间坐标值 (x_2, y_2, z_2)，或小轮齿面上运动轨迹各节点的空间坐标值 (x_1, y_1, z_1)。

5. 螺旋锥齿轮磨削接触迹线矢量计算

1) 大轮磨削接触迹线矢量计算

在大轮刀盘坐标系 S_{p2} 中，设磨削时刀具和大轮的啮合点为 M 处，沿大轮刀具刃母线方向的单位矢量表示为 t_{p2}，由式(5.1)可得

$$t_{p2} = \frac{\partial r_{p2}(S_g, \theta_g)}{\partial S_g} \Big/ \left| \frac{\partial r_{p2}(S_g, \theta_g)}{\partial S_g} \right| = \begin{bmatrix} \sin\alpha_g \cos\theta_g \\ \sin\alpha_g \sin\theta_g \\ -\cos\alpha_g \end{bmatrix} \tag{5.30}$$

将 t_{p2} 表示在齿轮的坐标系 $O_2\text{-}X_2Y_2Z_2$ 中，设为 t_2，根据式(5.4)可得

$$t_2(\theta_g, \varphi_g) = L_{2a} L_{am2} L_{m2c2} L_{c2p2} t_{p2} \tag{5.31}$$

2) 小轮磨削接触迹线矢量计算

在小轮刀盘坐标系 S_{p1} 中，设磨削时刀具和小轮的啮合点为 M 处，沿小轮刀具刃母线方向的单位矢量表示为 t_{p1}，由式(5.12)可得

$$t_{p1} = \frac{\partial r_{p1}(S_p,\theta_p)}{\partial S_p} \bigg/ \left| \frac{\partial r_{p1}(S_p,\theta_p)}{\partial S_p} \right| = \begin{bmatrix} \sin\alpha_p\cos\theta_p \\ \sin\alpha_p\sin\theta_p \\ -\cos\alpha_p \end{bmatrix} \tag{5.32}$$

将 t_{p1} 表示在齿轮的空间坐标系 O_1-$X_1Y_1Z_1$ 中为 t_1，根据式(5.15)可得

$$t_1(\theta_p,\varphi_p) = L_{1a}L_{aml}L_{mlcl}L_{clpl}t_{p1} \tag{5.33}$$

由上面讨论可知，式(5.3)和式(5.14)表示的 $r_2(\theta_g,\varphi_g)$ 和 $r_1(\theta_p,\varphi_p)$ 分别为大轮和小轮齿面上 M 点处的磨削接触迹线矢量，式(5.4)和式(5.15)表示的 $n_2(\theta_g,\varphi_g)$ 和 $n_1(\theta_p,\varphi_p)$ 分别为大轮和小轮齿面上 M 点处的法线方向，式(5.31)和式(5.33)表示的 $t_2(\theta_g,\varphi_g)$ 和 $t_1(\theta_p,\varphi_p)$ 分别为大轮和小轮上 M 点处的一个切线方向(齿高方向)，而 $t_2(\theta_g,\varphi_g)\times n_2(\theta_g,\varphi_g)$、$t_1(\theta_p,\varphi_p)\times n_1(\theta_p,\varphi_p)$ 分别为 M 点处的齿长方向。

5.2.2　面齿轮磨削加工轨迹计算

在面齿轮刀具坐标系 S_s 中，设在磨削过程中面齿轮与刀具的啮合点为 P 点，如图 5.8 所示，其中 L_1 为插齿刀与面齿轮的接触线，L_2 为碟形砂轮与面齿轮的接触线，则沿面齿轮刀具刃母线方向上的单位矢量设为 t_s，由式(2.33)可得

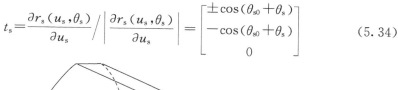

$$t_s = \frac{\partial r_s(u_s,\theta_s)}{\partial u_s} \bigg/ \left| \frac{\partial r_s(u_s,\theta_s)}{\partial u_s} \right| = \begin{bmatrix} \pm\cos(\theta_{s0}+\theta_s) \\ -\cos(\theta_{s0}+\theta_s) \\ 0 \end{bmatrix} \tag{5.34}$$

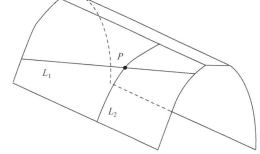

图 5.8　面齿轮磨削接触迹线

将 t_s 转换到面齿轮的展成坐标系 S_2 中的矢量设为 t_2，由式(2.35)～式(2.37)可以推导：

$$t_2(\theta_s,\varphi_s) = L_{2p}L_{pm}L_{ms}t_s \tag{5.35}$$

式中，L_{2p}、L_{pm}、L_{ms} 分别为 M_{2p}、M_{pm}、M_{ms} 去掉最后一行和最后一列得到的矩阵。

通过上述讨论可推导得到，$t_2(u_s,\theta_s)$ 为面齿轮齿面上啮合点 P 处的切线方向，$t_2(\theta_s,\varphi_s)\times n_2(\theta_s,\varphi_s)$ 为 P 点处的齿长方向。

5.3　齿轮磨削表面粗糙度建模

5.3.1　齿轮磨削表面的理论 2D 残留面积高度

共轭曲面磨削的刀位轨迹计算方法主要有截平面法、回转截面法、投影法和参数线法等。磨齿时选用参数线法,可使刀位轨迹的计算方法简单、计算速度快。参数线法选择齿长参数线方向为磨削的走刀方向,齿高参数线方向为磨削的进给方向。沿齿长方向和齿高方向划分网格的疏密程度,取决于磨齿精度和计算点的数目,如划分的网格数过少,则会产生弦高误差,影响加工质量;如网格数过多,则加工效率低,计算量大[3]。

对于共轭曲面磨齿,由于在垂直于纹理方向(齿高方向)相对于平行于纹理方向上(齿长方向)的表面粗糙度数值较大,所以一般选择齿高方向的表面粗糙度作为其计算数值,这样就把磨削 3D 理论残留面积高度计算,转化为在沿齿高方向各横向截面上求解磨削 2D 理论残留面积高度问题[3]。

1. 螺旋锥齿轮磨削表面的 2D 理论残留面积高度

将齿轮坐标系 $O_k\text{-}X_kY_kZ_k$ 绕 Z_k 轴($k=2$ 时为大轮,$k=1$ 时为小轮)逆时针旋转 γ_k 角($k=2$ 时为大轮根锥角,$k=1$ 时为小轮根锥角)后,取沿齿高方向横向截面上的一个齿面,则齿长方向为 X_{kh},齿高方向为 Y_{kh},法线方向为 Z_{kh},如图 5.9所示。

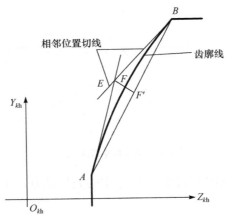

图 5.9　螺旋锥齿轮磨削 2D 理论残留面积高度

在坐标系 $O_k\text{-}X_{kh}Y_{kh}Z_{kh}$($k=2$ 时为大轮,$k=1$ 时为小轮)中,设砂轮磨削的一个位置与齿廓线在 A 点相切,相邻的另一个磨削位置与齿廓线在 B 点相切,这两个位置的切线相交在 E 点,由 E 点向齿廓线作法线,交点为 F,则凸出的棱角 $AEBFA$ 称为残留面积,$\overline{EF}$ 称为 2D 理论残留面积高度。由于插补步长为数控系统的脉冲当量,一般很小,所以在计算时,可取 $\overline{AB}$ 线段的中点 F',将 $\overline{EF'}$ 作为 2D 理论残留面积高度的近似值 $H_{f'}$。

坐标值 (x_k, y_k, z_k) 与 (x_{kh}, y_{kh}, z_{kh}) 之间的关系为

$$\begin{bmatrix} x_{kh} \\ y_{kh} \\ z_{kh} \\ 1 \end{bmatrix} = \begin{bmatrix} \cos\gamma_k & \sin\gamma_k & 0 & 0 \\ -\sin\gamma_k & \cos\gamma_k & 0 & 0 \\ 0 & 0 & 1 & 0 \\ 0 & 0 & 0 & 1 \end{bmatrix} \begin{bmatrix} x_k \\ y_k \\ z_k \\ 1 \end{bmatrix}, \quad k=2 \text{ 时为大轮};k=1 \text{ 时为小轮}$$

(5.36)

在图 5.9 中,齿面上磨削点 $A(B)$ 处的切线 $\overline{AE}(\overline{BE})$ 方向为 $A(B)$ 点处的 t_k 方向,经式(5.24)分别求得 $A(B)$ 点的坐标 (x_2, y_2, z_2) 或 (x_1, y_1, z_1) 后,由式(5.36)可求得在坐标系 $O_2\text{-}X_{2h}Y_{2h}Z_{2h}$ 或 $O_1\text{-}X_{1h}Y_{1h}Z_{1h}$ 中 A 点坐标 (x_{ah}, y_{ah}, z_{ah})、B 点坐标 (x_{bh}, y_{bh}, z_{bh})。

在横向截面 $O_{kh}X_{kh}Y_{kh}$ 中,切线 $\overline{AE}$ 和 $\overline{BE}$ 的方程为

$$\begin{cases} \overline{AE} : y - y_{ah} = t_{ka}(z - z_{ah}) \\ \overline{BE} : y - y_{bh} = t_{kb}(z - z_{bh}) \end{cases}$$

(5.37)

式中,t_{ka}、t_{kb} 为分别为 A、B 点处的磨削切线单位矢量,$k=2$ 时为大轮,$k=1$ 时为小轮。则切线 $\overline{AE}$ 和 $\overline{BE}$ 的交点 $E(z_{eh}, y_{eh})$ 为

$$\begin{cases} z_{eh} = \dfrac{y_{ah} - y_{bh} + t_{kb}z_{bh} - t_{ka}z_{ah}}{t_{kb} - t_{ka}} \\ y_{eh} = y_{bh} + t_{kb}(z_{eh} - z_{bh}) \end{cases}$$

(5.38)

弦 $\overline{AB}$ 的中点 $F'(z_{f'}, y_{f'})$ 为

$$\begin{cases} z_{f'} = (z_{bh} - z_{ah})/2 \\ y_{f'} = (y_{bh} - y_{ah})/2 \end{cases}$$

(5.39)

则 2D 理论残留面积高度 $H_{f'}$ 为

$$H_{f'} = \sqrt{(z_{f'} - z_{eh})^2 - (y_{f'} - y_{eh})^2}$$

(5.40)

2. 面齿轮磨削表面的 2D 理论残留面积高度

在面齿轮展成坐标系(图 2.6)中,将坐标系 $S_2(O_2\text{-}x_2y_2z_2)$ 绕 x_2 轴顺时针旋转 φ_2 角,得到坐标系 $S_p(O_p\text{-}x_py_pz_p)$,取此坐标系中沿齿高方向横向截面上的一个齿面,如图 5.10 所示,设其齿长方向为 x_p,齿高方向为 y_p,法线方向为 z_p。在坐标系 $S_p(O_p\text{-}x_py_pz_p)$ 中,设砂轮磨削时磨粒与面齿轮齿廓线相切于 A 点,相邻的另一

个磨削点位置与齿廓线相切于 B 点，两磨削位置的切线相交于 C 点，通过交点 C 向面齿轮齿廓线作法线相交于 E 点，则相邻两磨削位置之间凸出的棱角 $ACBEA$ 称为磨削残留面积，线段 $\overline{CE}$ 称为 2D 理论残留面积高度。由于插补步长是数控系统的脉冲当量，一般比较小，通常可以忽略不计[37]。所以，可选取线段 $\overline{AB}$ 的中点 D，以计算线段 $\overline{CD}$ 的高度值 H_{CD} 近似作为 2D 理论残留面积高度。

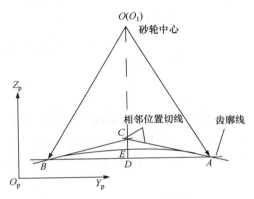

图 5.10　面齿轮 2D 理论残留面积高度

由式(2.37)转换矩阵关系可得坐标(x_2,y_2,z_2)与(x_p,y_p,z_p)之间的关系为

$$\begin{bmatrix} x_p \\ y_p \\ z_p \\ 1 \end{bmatrix} = \begin{bmatrix} \cos\varphi_2 & \sin\varphi_2 & 0 & 0 \\ -\sin\varphi_2 & \cos\varphi_2 & 0 & 0 \\ 0 & 0 & 1 & 0 \\ 0 & 0 & 0 & 1 \end{bmatrix} \begin{bmatrix} x_2 \\ y_2 \\ z_2 \\ 1 \end{bmatrix} \tag{5.41}$$

在图 5.10 中，切线 $\overline{AE}$ 和 $\overline{BE}$ 方向为齿面磨削 A 点和 B 点处的单位矢量 t_2 方向，由式(4.99)可求解 A、B 两点在齿面坐标系 S_2 的空间坐标值，再经式(5.35)可求解 $S_p(O_p\text{-}x_py_pz_p)$ 坐标系中 A 点坐标(x_{ap},y_{ap},z_{ap})和 B 点坐标(x_{bp},y_{bp},z_{bp})。

在横向截面 $S_p(O_p\text{-}x_py_pz_p)$ 中，切线 $\overline{AC}$ 和 $\overline{BC}$ 的方程分别为

$$y-y_{ap}=t_{2a}(z-z_{ap}) \tag{5.42}$$

$$y-y_{bp}=t_{2b}(z-z_{bp}) \tag{5.43}$$

式中，t_{2a} 为 A 点处切线单位矢量，t_{2b} 为 B 点处切线单位矢量。则切线 $\overline{AC}$ 和 $\overline{BC}$ 的交点 $C(y_{cp},z_{cp})$ 为

$$y_{cp}=y_{bp}+t_{2b}(z_{cp}-z_{bp}) \tag{5.44}$$

$$z_{cp}=\frac{y_{ap}-y_{bp}+t_{2b}z_{bp}-t_{2a}z_{ap}}{t_{2b}-t_{2a}} \tag{5.45}$$

弦 $\overline{AB}$ 的中点 $D(y_{dp},z_{dp})$ 为

$$y_{dp} = (y_{bp} - y_{ap})/2 \tag{5.46}$$

$$z_{dp} = (z_{bp} - z_{ap})/2 \tag{5.47}$$

则 2D 理论残留面积高度 H_{CD} 为

$$H_{CD} = \sqrt{(z_{dp} - z_{cp})^2 - (y_{dp} - y_{cp})^2} \tag{5.48}$$

5.3.2　齿轮磨削表面粗糙度模型

1. 磨削表面的 3D 理论残留面积高度

1）螺旋锥齿轮磨削表面的 3D 理论残留面积高度

在图 5.7 中,设第 i 个横向截面上第 d 个磨削点与第 $d+1$ 个磨削点之间的 2D 理论残留面积高度为 H_{di},齿面(凸面或凹面)上的 3D 理论残留面积高度为 H,按照式(5.40),应取齿面上的 2D 理论残留面积最大高度值,即[3]

$$H = \max\{H_{di}\}, \quad i=1,2,\cdots,m; d=1,2,\cdots,n-1 \tag{5.49}$$

由式(5.49)可得,H 受 $t_2(\theta_g, \varphi_g)$ 或 $t_1(\theta_p, \varphi_p)$ 的影响,而 t_2 或 t_1 取决于 θ_g、φ_g 的变化,则 H 受砂轮角速度矢量 $\omega^{(p)}(\theta_g$ 的变化)或 $\omega^{(t)}(\theta_p$ 的变化)、展成运动中摇台旋转的角速度矢量 $\omega^{(g)}(\varphi_g$ 的变化)或 $\omega^{(p)}(\varphi_p$ 的变化)、被加工大轮旋转的角速度矢量 $\omega^{(2)}(\varphi_2 = i_{02}\varphi_g$ 的变化)或被加工小轮旋转的角速度矢量 $\omega^{(1)}$ 的影响。

2）面齿轮磨削表面的 3D 理论残留面积高度

在图 4.21 中,沿齿高方向第 k 个横向截面上,两相邻磨削点 s 与 $s+1$ 之间的 2D 理论残留面积高度为 H_{sk},根据式(5.48),面齿轮齿面上的 3D 理论残留面积高度 H 应选取齿面 2D 理论残留面积最大高度值[3],则有

$$H = \max\{H_{sk}\} \tag{5.50}$$

式中,$k=1,2,\cdots,m; s=1,2,\cdots,n-1$。

根据式(5.50)可得,面齿轮齿面上的 3D 理论残留面积高度 H 受砂轮角速度矢量和被加工件面齿轮旋转角速度矢量的影响。

2. 磨削表面粗糙度模型

前面假定磨削过程是在磨刃纯切削状态下,影响磨齿表面粗糙度的主要因素是理论残留面积高度 H,其由磨削齿面运动轨迹决定,而运动轨迹受齿面几何尺寸和磨削用量的影响[38]。如考虑共轭曲面齿轮磨削齿面材料的耕犁等热弹塑性变形、磨粒分布等其他因素,则在评定表面粗糙度时,需对 H 进行修正[3]。

对于工艺系统刚度及其动态特性引起的磨床振动、砂轮特性和磨削液等对表面粗糙度的影响,可通过改善机床性能、砂轮磨料与修整以及磨削工艺条件等措施进行控制;砂轮磨粒在磨钝前的正常磨损阶段对表面粗糙度的影响可以忽略,但严

重磨损阶段对表面粗糙度有影响。另外,共轭曲面齿轮磨削时,磨粒分布和力热耦合使磨粒在齿面上的耕犁,将造成表面的塑性侧向隆起,对表面粗糙度有严重影响[3]。在考虑耕犁塑性变形等影响因素后,对残留面积高度 H 修正后的最大谷底高度值 H_1 为

$$H_1 = KH \tag{5.51}$$

式中,磨齿修正系数 $K = [1 + \sqrt{(1-\eta)/2}]$,$\eta$ 为材料相对去除系数,它与齿轮材料、耕犁塑性变形程度和磨粒分布等有关。在磨削 20CrMnTi、18Cr2Ni4WA 等齿轮材料时,通过实验取 $K = 1 \sim 1.2$。在材料塑性较大、磨粒切深较小和耕犁作用增加时,K 取较大值;在磨粒立体平均间隙较小、磨粒顶圆锥角较大时,K 取较小值。

轮廓表面最大谷底高度值 H_1 与表面粗糙度轮廓算术值 R_a 的关系为 $R_a = 0.256H_1$,由式(5.51)得磨齿表面粗糙度 R_a 为

$$R_a = 0.256H_1 = 0.256KH \tag{5.52}$$

5.4　磨削表面粗糙度的理论计算与实验分析

5.4.1　螺旋锥齿轮磨削表面粗糙度的理论计算与实验分析

在螺旋锥齿轮六轴五联动数控磨齿机上,用直口杯砂轮展成磨削弧齿锥齿轮副,切出式逆磨,齿轮材料均为 20CrMnTi,硬度为 58～62HRC。大轮用双面法磨削,其基本参数如表 2.1 所示,机床调整参数如表 2.2 所示;小轮用单面法磨削,其基本参数如表 2.3 所示,机床调整参数如表 2.4 所示[3]。

1. 螺旋锥齿轮磨削表面粗糙度理论计算的影响分析

采用基于加工轨迹的螺旋锥齿轮磨削表面粗糙度模型,当沿齿长方向和齿高方向的运动轨迹划分网格 $m \times n$ 分别为 9×5、11×7、13×9、15×11 和 18×14 等 5 组时,通过 MATLAB 由式(5.52)可计算出大轮和小轮凹面(凸面)上的 R_a。

1) 砂轮速度对 R_a 的影响

大轮凹面磨削时,取磨削深度 $a_p = 0.02$mm、大轮凹面展成速度 $v_2 = 3.1$m/min,当砂轮速度 v_s 分别为 52.1m/s、34.7m/s、26.1m/s、20.6m/s、16m/s 时,经计算得到的磨削大轮凹面 R_a 值分别为 0.3115μm、0.402μm、0.4455μm、0.4895μm、0.5582μm,经拟合得到的大轮凹面 R_a 计算值与 v_s 的分布曲线如图 5.11 所示。

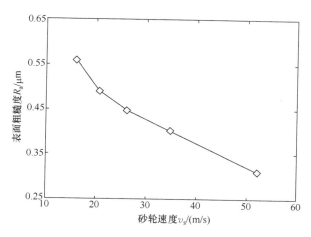

图 5.11　大轮凹面 R_a 计算值与 v_s 的分布曲线（$a_p = 0.02\mathrm{mm}$、$v_2 = 3.1\mathrm{m/min}$）

　　小轮凹面磨削时，取磨削深度 $a_p = 0.02\mathrm{mm}$、小轮凹面展成速度 $v_1 = 3.6\mathrm{m/min}$，当砂轮速度 v_s 分别为 $52.6\mathrm{m/s}$、$35.2\mathrm{m/s}$、$26.5\mathrm{m/s}$、$21.0\mathrm{m/s}$、$16.5\mathrm{m/s}$ 时，经计算得到的磨削小轮凹面 R_a 值分别为 $0.3204\mu\mathrm{m}$、$0.4065\mu\mathrm{m}$、$0.4677\mu\mathrm{m}$、$0.494\mu\mathrm{m}$、$0.5805\mu\mathrm{m}$，经拟合得到的小轮凹面 R_a 计算值与 v_s 的分布曲线如图 5.12 所示。

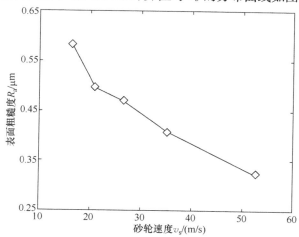

图 5.12　小轮凹面 R_a 计算值与 v_s 的分布曲线（$a_p = 0.02\mathrm{mm}$、$v_1 = 3.6\mathrm{m/min}$）

　　从图 5.11 和图 5.12 可以看出，当磨削大轮砂轮速度 v_s 提高 50% 时，大轮凹面磨削 R_a 计算值可明显降低 22.5%；当磨削小轮砂轮速度 v_s 增加 49.4% 时，小轮凹面磨削 R_a 计算值也明显减少 21.2%。这说明 v_s 提高时，R_a 值明显降低。这是因为提高砂轮速度后，每颗磨粒切下的磨屑变薄，磨粒在工件表面上产生的理论残留面积高度 H 变小；另外，砂轮速度的提高，有利于磨屑的形成，磨削表面因塑性侧向隆起的高度也会变小。因此，v_s 提高后，既可提高磨削效率，又可减小 R_a 值。

2）展成速度对 R_a 的影响

大轮凸面磨削时，取磨削深度 $a_p = 0.02$mm、砂轮速度 $v_s = 25.6$m/s，当大轮凸面展成速度 v_2 分别为 5.6m/min、4.2m/min、2.1m/min、2.0m/min、1.5m/min 时，经计算得到的磨削大轮凸面 R_a 值分别为 0.504μm、0.4792μm、0.4306μm、0.4253μm、0.3905μm，经拟合得到的大轮凸面 R_a 计算值与 v_2 的分布曲线如图 5.13 所示。

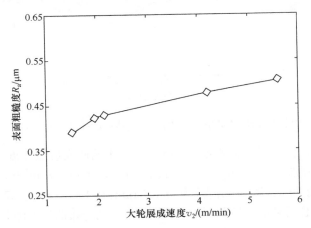

图 5.13　大轮凸面 R_a 计算值与 v_2 的分布曲线（$a_p = 0.02$mm、$v_s = 25.6$m/s）

小轮凸面磨削时，取磨削深度 $a_p = 0.02$mm、砂轮速度 $v_s = 20.3$m/s，当小轮凸面展成速度 v_1 分别为 6.5m/min、4.9m/min、2.5m/min、2.3m/min、1.7m/min 时，经计算得到的磨削小轮凸面 R_a 值分别为 0.5085μm、0.4837μm、0.4396μm、0.4343μm、0.3944μm，经拟合得到的小轮凸面 R_a 计算值与 v_1 的分布曲线如图 5.14 所示。

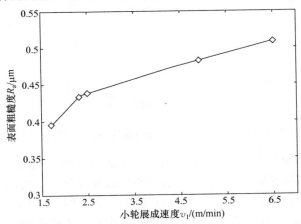

图 5.14　小轮凸面 R_a 计算值与 v_1 的分布曲线（$a_p = 0.02$mm、$v_s = 20.3$m/s）

从图 5.13 可以看出,当磨削大轮展成速度 v_2 提高 100% 时,大轮凸面磨削 R_a 计算值只增加 11.3%;从图 5.14 可知,当磨削小轮展成速度 v_1 增加 96% 时,小轮凸面磨削 R_a 计算值也只增加 10%。这说明随齿轮展成速度提高时,R_a 值略有增加。这是由于大轮展成速度增加,理论残留面积高度 H 值略有增加,另外,随着展成角速度的提高,机床振动对粗糙度也有一定的影响。因此,可在 R_a 变化不大的情况下,通过适当提高展成速度来提高磨削效率[3]。

2. 螺旋锥齿轮磨削表面粗糙度与组织形貌的实验分析

1) 磨削表面粗糙度的测试与组织形貌分析

测试实验采用与弧齿锥齿轮副磨削表面粗糙度计算时相同的磨削条件,磨削时用水基磨削液,砂轮用 SG60-JV,磨削深度 a_p 为 0.02mm,采用不同的砂轮速度 v_s 和齿轮展成速度 v_w。

齿轮副磨削表面粗糙度测试采用德国生产的表面轮廓仪 Hommel Werke T8000(精度可达 $0.001\mu m$)。凹面和凸面上的测试长度为 1.5mm,取样长度为 0.25mm,探针的移动速度为 0.15mm/s,对齿轮凹面和凸面 R_a 分别测量 3 次,取其平均值作为实验的表面粗糙度实测值[39]。

当磨削大轮时,凹面和凸面分别在 5 组不同磨削用量下的 R_a 实测值与计算值的比较结果如表 5.1 所示,其最大相对误差绝对值为 15.3%。当磨削小轮凸面时,凹面与凸面分别在 5 组不同磨削用量下的 R_a 实测值与计算值的比较结果如表 5.2 所示,其最大相对误差绝对值为 17.1%。

表 5.1　弧齿锥齿轮大轮磨削表面粗糙度实测值及其相对误差

大轮齿面	磨削用量		R_a 实测值/μm	与计算值的最大相对误差/%
	v_s/(m/s)	v_2/(m/min)		
凹面	52.1	3.1	0.301	3.5
	34.7		0.474	−15.2
	26.1		0.512	−13.0
	20.6		0.563	−13.1
	16.0		0.609	−8.3
凸面	25.6	1.5	0.372	5.0
		2.0	0.475	−10.5
		2.1	0.493	−13.0
		4.2	0.539	−11.1
		5.6	0.595	−15.3

表 5.2　弧齿锥齿轮小轮磨削表面粗糙度实测值及其相对误差

小轮齿面	磨削用量		R_a 实测值/μm	与计算值的最大相对误差/%
	v_s/(m/s)	v_1/(m/min)		
凹面	52.6	3.6	0.358	−10.5
	35.2		0.445	−8.7
	26.5		0.524	−10.7
	21.0		0.561	−11.9
	16.5		0.633	−8.3
凸面	20.3	1.7	0.445	−11.4
		2.3	0.524	−17.1
		2.5	0.529	−16.9
		4.9	0.576	−16.0
		6.5	0.602	−15.5

　　根据表5.1和表5.2可知,磨削 R_a 实测值与计算值的最大相对误差绝对值为17.1%,此误差不大,说明磨削表面粗糙度的理论模型较为精确。

　　磨削小轮时,在砂轮速度 $v_s=20.3$m/s、小轮展成速度 $v_1=2.5$m/min、$a_p=0.02$mm 下,用德国 Leica-DM IRM 型显微镜观察磨削表面的组织形貌,结果如图5.15(a)所示。与未磨削的齿部心部的组织形貌(图5.15(b))相比,磨削齿面加工纹理较清晰、规整,但不均匀,有一定的金属材料流动涂覆现象,并有黑色细小颗粒状氧化物滞留,说明这是由磨削力与热的作用下金属材料存在流动和变形,以及黏附在砂轮上的磨屑局部脱落等造成的[39]。

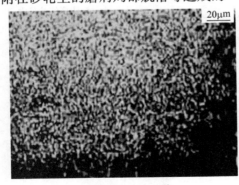
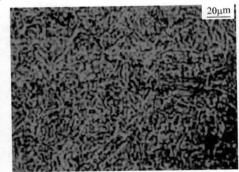

(a) 磨削表面组织形貌　　　　　　　　　　(b) 齿部心部的组织形貌

图 5.15　小轮的组织形貌(×500)

2) 磨削深度 a_p 及其他因素对 R_a 的影响实验分析

　　磨削大轮时,在 $v_s=20.6$m/s、$v_2=3.1$m/min 下,当磨削深度 a_p 分别为

0.02mm、0.05mm、0.08mm、0.11mm 时,经实测得到磨削大轮凹面 R_a 与 a_p 的分布曲线如图 5.16 所示。

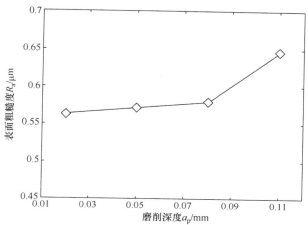

图 5.16　大轮凹面 R_a 实测值与 a_p 的分布曲线
(v_s＝20.6m/s、v_2＝3.1m/min)

磨削小轮时,在 v_s＝20.3m/s、v_1＝2.3m/min 下,当磨削深度 a_p 分别为 0.02mm、0.05mm、0.08mm、0.11mm 时,经实测得到磨削小轮凸面 R_a 与 a_p 的分布曲线如图 5.17 所示。

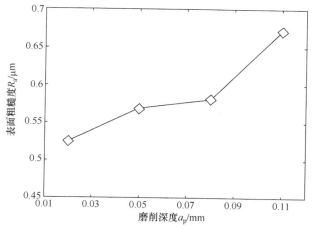

图 5.17　小轮凸面 R_a 实测值与 a_p 的分布曲线
(v_s＝20.3m/s、v_1＝2.3m/min)

从图 5.16 和图 5.17 可知,在 a_p＜0.08mm 的情况下,a_p 增加最大为 150％时,磨削大轮凹面的 R_a 值只增加1.4％,磨削小轮凸面的 R_a 值也只增加8.6％,R_a

值随 a_p 的提高略有增加；但在 $a_p \geqslant 0.08\text{mm}$ 的情况下，a_p 只增加 37.5% 时，磨削大轮凹面的 R_a 值则显著提高 11.7%，磨削小轮凸面的 R_a 值也显著提高 16.2%，R_a 值随 a_p 的提高显著增加。这是由于大的 a_p 会使单颗磨粒未变形磨削厚度增大，造成理论残留面积高度 H 变大；同时，磨粒钝化加剧，磨削力增大，磨削温度迅速升高，引起材料塑性隆起增加。这说明较小的 a_p 对 R_a 的影响不大，在磨粒没有钝化的正常磨削阶段，可通过适当增大 a_p 来提高磨削效率。

通过实验还发现，磨粒粒度、砂轮磨损、磨削液、工件材料等对 R_a 均有不同程度的影响。随着磨粒粒度的增加，R_a 逐渐减小，较细的磨粒会使粗糙度变化趋于平缓；砂轮磨损后，磨粒钝化加剧，对 R_a 的影响较大，因此当磨粒粒度较大或磨粒钝化后，需要精细修整来减小 R_a。在选择磨削液时，可综合考虑其对磨削过程的冷却、润滑、清洗和防锈等作用，采用专用磨削液（如油基磨削液），以改善磨齿表面粗糙度[35]。

5.4.2　面齿轮磨削表面粗糙度的理论计算与实验分析

在六轴五联动数控磨齿机上，采用 300mm 普通碟形砂轮展成磨削正交面齿轮，采用水基磨削液，切出式逆磨，齿轮材料为 18Cr2Ni4WA 合金渗碳钢，硬度为 $56\sim63\text{HRC}$，正交面齿轮基本参数如表 5.3 所示，碟形砂轮参数如表 5.4 所示。

表 5.3　正交面齿轮基本参数

参数	数值	参数	数值
面齿轮齿数 z_2	60	齿根系数 c^*	1.25
小轮齿数 z_s	23	齿顶系数 h_a^*	1.00
模数 m/mm	3.5	面齿轮内半径 R_1/mm	102.5
压力角 α/(°)	20	面齿轮外半径 R_2/mm	120

表 5.4　碟形砂轮参数

名称	磨粒粒度	材质	结合剂	组织号
碟形砂轮	80#	白刚玉	陶瓷结合剂	5

按照式(5.52)建立的面齿轮粗糙度模型，改变磨削变量，即可通过 MATLAB 编制程序求解得到在不同砂轮转速和工件速度下的齿面粗糙度 R_a，选用正交实验下得到的测量值与当前数学模型得到的计算值做拟合比对分析[37]。

1) 砂轮转速对 R_a 的影响

面齿轮磨削时，取展成速度 $v_w = 2.4\text{m/min}$、磨削深度 $a_p = 0.02\text{mm}$，在砂轮转速 n_s 分别为 1500r/min、2000r/min、2500r/min、3000r/min 的条件下，通过粗糙度模型计算得到齿面粗糙度 R_a 分别为 $0.471\mu\text{m}$、$0.442\mu\text{m}$、$0.405\mu\text{m}$、$0.394\mu\text{m}$。与前面相同实验条件下得到的测量值进行数据拟合后得到曲线如图 5.18 所示。

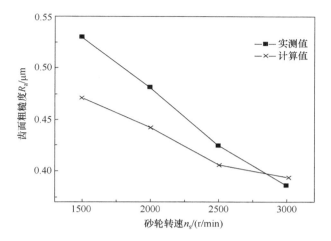

图 5.18　齿面粗糙度 R_a 关于 n_s 的实测值与计算值拟合曲线

2）展成速度对 R_a 的影响

面齿轮磨削时，取砂轮转速 $n_s = 2000 \text{r/min}$、磨削深度 $a_p = 0.02 \text{mm}$，在展成速度 v_w 分别为 1.8m/min、2.4m/min、3.0m/min、3.6m/min 的条件下，通过粗糙度模型计算得到齿面粗糙度 R_a 分别为 $0.419 \mu m$、$0.470 \mu m$、$0.485 \mu m$、$0.515 \mu m$。与前面相同实验条件下得到的测量值进行数据拟合后得到曲线如图 5.19 所示。

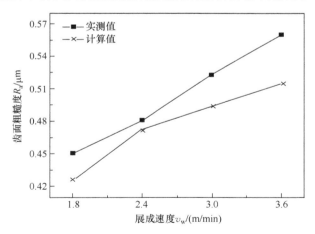

图 5.19　齿面粗糙度 R_a 关于 v_w 的实测值与计算值拟合曲线

将图 5.18 和图 5.19 进行对比分析，由磨削表面粗糙度模型得到的计算值与实测值相对误差的最大值为 12.5%，此误差不大，说明通过加工运动轨迹分析建立的粗糙度数学计算模型精度准确可行[37]。

第6章　齿轮磨削表层性态实验分析与工艺优化

6.1　齿轮磨削表层显微硬度与组织的实验分析

6.1.1　磨削表层显微硬度与组织的影响因素及实验条件

1. 磨削表层显微硬度与组织的影响因素

磨削表层的显微硬度与组织是磨削过程中塑性变形与磨削热综合作用的结果,影响因素包括齿轮材料性能(化学成分、晶相组织和力学性能)、磨削用量(砂轮速度 v_s、展成速度 v_w、磨削深度 a_p)、砂轮特性(磨料、组织、粒度、结合剂、硬度)、砂轮表面状态(砂轮磨损、砂轮修整情况)、磨削方式(顺磨、逆磨)和冷却条件(干磨、水基磨削液、油基磨削液)等。这些因素如使塑性变形增大,则磨削表层显微硬度就会提高,显微组织变化就大;而有利于材料软化的因素,如磨削温度的升高、材料的熔点低、磨削接触时间的缩短等,都会减轻磨削表层的加工硬化,但磨削温度可导致表层晶相组织发生变化[40,41]。

2. 实验条件

1) 实验材料及加工工艺流程

弧齿锥齿轮副和面齿轮常用的材料有 20CrMnTi、18Cr2Ni4WA、20CrMoTi、20CrMnMo、17CrNiMo6 等,其中 20CrMnTi 是一种中淬透性合金渗碳钢,在齿轮中应用较普遍。本节实验选用齿轮材料 20CrMnTi,其化学成分如表 6.1 所示。

表 6.1　齿轮材料 20CrMnTi 的化学成分

化学成分	C	Cr	Mn	Si	P	S	Ti
质量分数/%	0.20	1.10	0.91	0.27	0.015	0.009	0.09

实验用的弧齿锥齿轮副和面齿轮的加工工艺流程与技术要求如下[3]:

下料→毛坯锻造→正火→铣齿(留磨量)→渗碳、淬火＋回火→磨齿

磨削加工后有效硬化层深 0.80～1.20mm,表面硬度 58～62HRC,心部硬度 30～42HRC。

各热处理工艺过程与技术要求如下[3]。

（1）正火：900℃，均温 3.5h，空冷。

（2）渗碳：渗碳炉内 930℃，介质为煤油，降至 880℃后，出炉缓冷，渗碳层深度为 1.1～1.5mm。

淬火：880℃，均温 2.5h，油冷。

低温回火：回火炉 160℃，均温 2h，空冷。

（3）回火：160℃×3h。

2）磨削工艺条件

弧齿锥齿轮副试件在磨齿机 YK2050 或磨齿机 Phoenix450PG 上进行，采用直口杯砂轮 SG60-JV，磨削方式为切出式逆磨，采用油基磨削液。磨削弧齿锥齿轮小轮时用单面法，其基本参数如表 2.3 所示，机床调整参数如表 2.4 所示。

面齿轮试件在磨齿机 QMK50A 上进行，采用碟形砂轮，磨削方式为切出式逆磨，采用水基磨削液，磨削正交面齿轮基本参数如表 2.5 所示[37]。

3）检测条件与仪器

将试件沿硬化层深度方向用线切割方式切取试样，用 800# 的细砂纸抛光打磨，采用美国 LECO-AMH2000 型全自动显微硬度计，沿硬化层深度方向测量，载荷 4.9N，加载时间 10～15s，加载后测量出压痕对角线长度，同一深度处测量 3 个点，取平均值，硬度仪即可自动计算出显微硬度值。根据表层显微硬度的变化，可测出磨削表层变质层深度[3]。

硬化层的显微组织通过金相显微镜进行观察分析[40,41]。观察前先将齿轮用线切割方式切取试件，抛光后用 4%硝酸酒精溶液浸蚀，制成的试样用德国 Leica-DM IRM 型金相显微镜观察组织。该显微镜为倒置式，带偏振光，采用 12V/100W 卤素灯室，放大倍数可达 1500 倍。

6.1.2　磨削表层显微硬度与组织的检测与分析

1. 磨削表层显微硬度测量与分析

按照磨削温度场分布及影响硬度高低的变化规律，磨削表层可分为高硬度区、硬度陡降区和低硬度区，分别称为硬化区、过渡区和基体，硬化区和过渡区构成硬化层[3]。

螺旋锥齿轮小轮凸面磨削时，$v_s=20.3\text{m/s}$，$v_1=2.3\text{m/min}$，在不同齿凸面上选取磨削深度 a_p 分别为 0.02mm、0.05mm、0.08mm、0.11mm，经显微硬度仪测量，距表面不同深度处表层的显微硬度分布曲线如图 6.1 所示，齿面显微硬度的平均值分别为 711HV、689HV、667HV 和 646HV[42]。

碟形砂轮展成磨削面齿轮时，砂轮转速 $n_s=2600\text{r/min}$，展成速度 $v_w=1.6\text{m/min}$，分别选取磨削深度 a_p 为 0.02mm、0.06mm、0.1mm，距表面不同深度处表层的显微硬度分布曲线如图 6.2 所示，齿面显微硬度的平均值分别为 716HV、697HV、671HV。

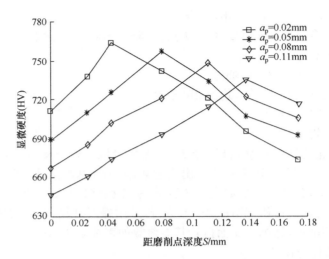

图 6.1　弧齿锥齿轮小轮凸面磨削表层显微硬度分布曲线

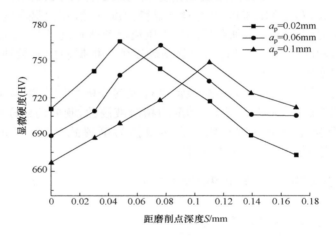

图 6.2　面齿轮磨削表层显微硬度分布曲线

由图 6.1 和图 6.2 可知,在不同磨削深度 a_p 下的磨削齿面表层显微硬度变化规律大致相同,磨削表层的硬化区有一回火层(也称为变质层),其显微硬度由表及里逐步增加,然后逐步减少至渗层深度处显微硬度值,再降低至心部基体的硬度值。磨削表面的显微硬度随磨削深度 a_p 的增大而减少[3]。

产生上述显微硬度变化规律的原因可从两方面分析。一是从位错机理分析,磨削过程中随着塑性变形的进行,位错密度增加,金属材料抵抗变形的抗力不断增加,晶体对滑移的阻力越来越大,由于位错运动将引起晶体组织结构的变化,形变过程中因位错不断增殖而引起加工硬化,与磨削温度的综合作用使磨削表层产生回火层[42]。二是从磨削界面力热耦合机理分析,磨削表层由于磨削力将引起以塑性变形为主的高速率应变,形成磨削应变场,出现应变硬化现象与组织晶格变化;同时,塑性变形时所消耗的能量转变为热量,形成磨削温度场,应变速率越高,温度也越高,磨削表层材料软化程度也就越高,并产生热应力与热应变;另外,温度过高将产生金相组织的变化。磨削界面力热耦合叠加形成磨削表层显微硬度[43]。

由图 6.1 可知,当磨削深度 a_p 分别为 0.02mm、0.05mm、0.08mm、0.11mm时,回火层深度 h 分别为 0.043mm、0.078mm、0.111mm、0.137mm;由图 6.2 可知,当磨削深度 a_p 分别为 0.02mm、0.06mm、0.1mm 时,回火层深度 h 分别为0.050mm、0.135mm、0.217mm。回火层深度 h 随 a_p 的增加而增大,这是由于随着 a_p 的增加,单颗磨粒的未变形切削厚度增大,同时参加切削的磨粒数增多,使单位宽度切向磨削分力 F'_t 相应增大;另外,砂轮/工件的接触时间 t_c 和单位能量 e'_c 可由下列公式计算[3]:

$$t_c = \frac{l_k}{v_w} \tag{6.1}$$

$$e'_c = q \cdot t_c \tag{6.2}$$

其中,q 为传入试件表面的热流密度,可由式(2.71)计算得到。由式(6.1)和式(6.2)可知,接触弧长 l_k 增加,增加了接触时间 t_c,则随着 a_p 的增加,传入试件表面的单位能量 e'_c 随之增大,磨削温度升高,导致回火层深度增加。

此外,实验研究还发现,在其他磨削实验条件相同时,随着砂轮速度 v_s 的增加,回火层深度 h 会随之增大。这是由于随着 v_s 的增加,单位时间内参加切削的磨粒数增多,单颗磨粒的未变形切屑厚度减小,切屑变形能增大;同时,产生耕犁及滑擦作用的磨粒数增多,使摩擦加剧。因此,随着 v_s 的增加,磨削热量相应增加,磨削温度随之升高,使 h 也相应增大[3]。

磨削回火层深度 h 随展成速度 v_w 的增大而略有减少,这是由于随着 v_w 的增大,单颗磨粒的未变形切屑厚度增加,同时参加切削的磨粒数增多,使切向磨削力 F'_t 增大,磨削热量分配比 R_w 增大,从而磨削热流密度 q 略有增加;但由式(6.1)可知,v_w 的增大使砂轮/工件的接触时间 t_c 减小,即传入工件表面的热量有较少的时间向工件传导。这样,在两种相反效果的综合作用下,v_w 的增大造成回火层深度 h 略有减少[3]。

2. 磨削显微组织检测与分析

弧齿锥齿轮小轮凸面在磨削用量 $v_s = 20.3\text{m/s}$、$v_1 = 2.3\text{m/min}$、$a_p = 0.02\text{mm}$下,用显微镜观测其磨削表层显微组织情况。

(1) 磨削齿面显微组织。其组织为针状马氏体(或有隐针马氏体)+残余奥氏体+少量碳化物,磨削齿面显微组织如图 6.3(a)所示,渗层分布如图 6.3(b)所示,其中齿根处渗层深度较浅,约为 0.3mm[44]。

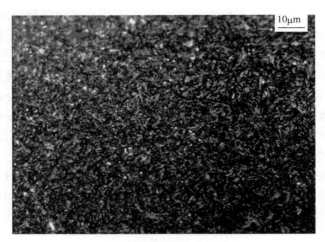

(a) 小轮磨削齿面显微组织(×1000)

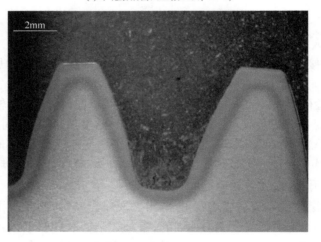

(b) 渗层分布

图 6.3　弧齿锥齿轮小轮凸面磨削齿面显微组织与渗层分布

　　由图 6.3(a)可知,其磨削表面纹理较清晰,但在磨削温度作用下有一定的金属材料流动涂覆现象,并有黑色细小颗粒状氧化物滞留,说明这是由黏附在砂轮上的磨屑局部脱落造成的。根据金属磨削原理,螺旋锥齿轮逆磨时,砂轮磨粒从已加工表面进入磨削区,并依次经历弹性滑擦、塑性耕犁和成屑等三个阶段。在砂轮刚进入磨削区的弹性滑擦阶段,堆积在砂轮孔隙中的磨屑被处于较高温度下的表面金属材料黏结而局部脱落,从而滞留在已加工表面;同时,较高温度下的金属材料受砂轮的挤压和摩擦作用,表面出现流动涂覆痕迹。

（2）心部（基体）显微组织（图6.4）。其组织为贝氏体＋铁素体＋板条马氏体，其中靠近心部的铁素体及贝氏体较多，出现较多铁素体的原因主要是实际淬火加热温度较低，处于 $A_{C1} \sim A_{C3}$ 两相区，或者冷速较慢，先析出了铁素体[44]。

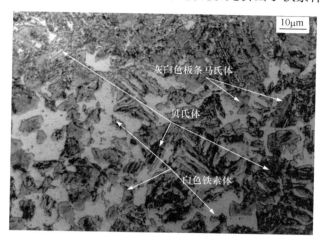

图 6.4　弧齿锥齿轮小轮心部显微组织（×1000）

通过进一步的显微组织观察还发现，磨削表层硬化区的组织由表及里呈现"细→较粗→较细"的变化规律，而且较粗的马氏体相均出现在靠近表面的次表层。另外，在其他磨削工艺条件相同下，与逆磨相比较，顺磨硬化区较粗马氏体相出现的位置距表面较远。这是由磨削热引起的温度梯度和磨削力引起的应变梯度叠加的结果。顺磨的磨削力较大，且磨削表面温度较高，在相同的传热条件下，顺磨的加热温度较高，表层应变量也较大，从而使其较粗马氏体距表面较远。此外，实验观察还表明，随着磨削深度 a_p 的增加，在硬化区较粗马氏体组织至表面的距离呈增大趋势，而砂轮速度 v_s 或展成速度 v_w 对其影响不大[44]。

6.2　磨削烧伤与裂纹的实验分析

6.2.1　磨削烧伤与裂纹的判定方法与实验条件

1. 磨削烧伤与裂纹的判定方法

磨削烧伤可采用观色法、金相组织检验法、显微硬度法、荧光探伤法、解析实验法和解析法等进行判定[45]。

用解析法对磨削烧伤进行判定时，根据热波渗透方程，可得变质层深度 h_1 为

$$h_1 = \sqrt{\frac{\alpha\tau}{\pi}} \ln\left(\frac{T_{\max}}{T_{\mathrm{per}}}\right) \tag{6.3}$$

式中,α 为温度传导系数,$\alpha = \dfrac{\lambda}{c\gamma}$,$\lambda$ 为传热系数,c 为单位热容量,γ 为被加工材料的密度;τ 为散热时间;$T_{\max}$ 为磨削区内最高接触温度;T_{per} 为在深度 h_1 处不引起马氏体分解的许用温度。

由于解析法是在某些假设的情况下对磨齿过程中许多参数进行分析的基础上计算的,所以该方法在判定磨削烧伤时必须完成较大的计算量。

磨削裂纹可采用金相组织检验法、荧光探伤法和磁粉探伤法等进行判定[45]。在实际应用中,不同的判定方法有不同的特点,有时需采用以上几种方法来判定磨削烧伤与裂纹。

2. 磨削烧伤与裂纹的实验条件

弧齿锥齿轮大轮磨削时用双面法,其基本参数如表 2.1 所示,机床调整参数如表 2.2 所示,磨削方式为切出式逆磨,采用油基磨削液,砂轮速度 $v_s = 16\sim52.1\mathrm{m/s}$,大轮凹面磨削时展成速度 $v_2 = 3.1\mathrm{m/min}$,不同齿凹面的磨削深度 $a_p = 0.02\sim0.11\mathrm{mm}$,其他磨削工艺条件、实验材料、检测条件及仪器等与 6.1.1 节相同。

6.2.2 磨削烧伤与裂纹的产生机理与实验分析

螺旋锥齿轮磨削时,由于磨削力与热的综合作用,产生的磨削温度使磨削表面显微硬度与显微组织发生变化,严重时产生磨削烧伤与裂纹。

1. 磨削温度

实验测量弧齿锥齿轮大轮凹面磨削温度时,采用与 2.5.1 节相同的测温法,得到不同砂轮速度 v_s 与不同齿凹面磨削深度 a_p 下的磨削区温度如表 6.2 所示。

表 6.2　不同磨削用量下弧齿锥齿轮大轮凹面的磨削温度(单位:℃)

a_p/mm	$v_s/(\mathrm{m/s})$		
	16.0	26.1	52.1
0.02	167	183	264
0.05	311	375	487
0.08	422	518	614
0.11	629	715	957

注:$v_2 = 3.1\mathrm{m/min}$。

　　从表 6.2 中可知,在相同的 v_2、v_s 条件下,随着 a_p 的逐渐加大,磨削温度明显升高,这是因为 a_p 增大,切屑变形力和摩擦力均增大,所以磨削温度升高;在相同的 v_2、a_p 条件下,随着 v_s 的增大,磨削温度也有所升高,这是由于磨削功率等于磨削切向力 F_t 与砂轮线速度 v_s 的乘积,虽然 v_s 增大时 F_t 略有减少,但二者之积得到的磨削功率增大,而磨削功绝大多数转变为热能,所以砂轮速度的提高将导致磨削温度的增加。当 $v_s = 52.1\text{m/s}$、$a_p = 0.08\text{mm}$ 时,磨削温度已达到 600℃以上,此时工件表面开始发生轻微烧伤;当 $v_s = 52.1\text{m/s}$、$a_p = 0.11\text{mm}$ 时,工件表面温度迅速上升到 900℃以上,工件表面发生严重烧伤。研究表明,当磨削工件表面温度高于 600℃时,磨削工件表层开始发生烧伤。因此,由表 6.2 可知,当 $v_s < 52.1\text{m/s}$、$a_p < 0.08\text{mm}$ 的磨削用量下,工件表面不会发生烧伤;当 $a_p = 0.11\text{mm}$ 时,三种砂轮速度下均发生不同程度的烧伤,其烧伤程度随砂轮速度的提高而加重[3]。

　　通过进一步的实验还发现,当 a_p、v_s 一定时,随着 v_2 的增大,磨削温度略有降低。这是因为 v_2 的提高,增大了单颗磨粒的最大未变形切屑厚度,从而增大了热源强度;但 v_2 的增大使热的作用时间减少,磨削区能得到有效冷却[3]。

　　2. 磨削表层显微硬度分析

　　弧齿锥齿轮大轮凹面磨削时,$v_s = 52.1\text{m/s}$、$v_2 = 3.1\text{m/min}$,在不同齿凹面的磨削深度 a_p 分别为 0.02mm、0.08mm 和 0.11mm 的情况下,磨削表层的显微硬度变化曲线如图 6.5 所示。

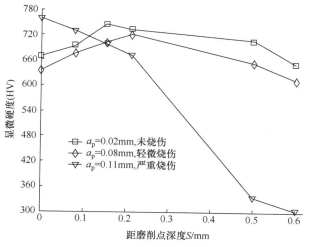

图 6.5　弧齿锥齿轮大轮凹面磨削表层显微硬度分布

　　由图 6.5 可知,大轮凹面磨削时未烧伤表层的硬度变化和烧伤时的变化规律不同。当 $a_p = 0.02\text{mm}$ 时,表层未产生烧伤,并产生一回火软化层,表面显微硬度为 669HV(相当于 59HRC),满足磨削表面硬度要求;内层最高硬度为 745HV,回

火层深度 h 较浅,为 0.155mm。当 a_p＝0.08mm 时,表层产生轻微的回火烧伤,磨削表面显微硬度为 635HV(相当于 57.4HRC),低于磨削表面硬度要求;回火层最高硬度为 722HV,回火层深度 h 加大,为 0.213mm。当 a_p＝0.11mm 时,表层产生严重的淬火烧伤,表面显微硬度为 758HV(相当于 63.1HRC),大于磨削表面硬度要求,烧伤层深度为 0.5mm。

磨削烧伤后表层显微硬度的变化是由于齿面在磨削过程中磨粒的滑擦、耕犁和切削作用发生了剧烈的塑性变形,必然会产生位错,金属内各滑移系之间位错的相互作用以及缺陷形成的障碍共同引起位错塞积,使变形阻力大大增加,从而使晶体产生加工硬化[3]。另外,由于磨削表面的瞬时高温,表面极薄层产生淬火或回火,通过热作用使磨削表面硬度产生变化。

3. 磨削未烧伤与烧伤显微组织对比分析

磨削弧齿锥齿轮材料 20CrMnTi 时,磨削温度的影响,导致金相组织发生变化,严重时会发生磨削烧伤,并变色;而且,当磨齿表层内的磨削拉应力超过材料的抗拉强度时,会出现磨削裂纹。下面讨论大轮凹面在不同磨削用量、磨削未烧伤与烧伤时的显微组织以及磨削裂纹[45]。

1) 磨削未烧伤的显微组织

在 a_p＝0.02mm、v_s＝52.1m/s、v_2＝3.1m/min 时,磨削齿面未发生烧伤,齿面组织为针状马氏体＋残余奥氏体＋少量碳化物,其显微组织如图 6.6(a)所示。齿根处渗层组织与齿节圆附近的渗层组织一致,但深度稍浅,渗层分布如图 6.6(b)中的未烧伤区所示。齿部心部的组织为板条马氏体＋贝氏体＋极少量铁素体,其中贝氏体主要为呈羽毛状的上贝氏体,也有少量粒状贝氏体,其显微组织如图 6.6(c)所示。远离齿部的心部组织与齿部心部的组织基本相同,其显微组织如图 6.6(d)所示[45]。

(a) 齿面显微组织(×1000)

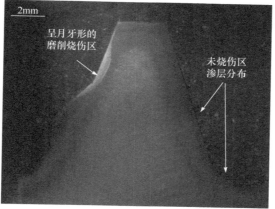

(b) 渗层分布

(c) 齿部心部的显微组织(×1000)

(d) 远离齿部的心部显微组织(×500)

图 6.6　弧齿锥齿轮大轮凹面磨削未烧伤的显微组织
$(a_p = 0.02\text{mm}、v_s = 52.1\text{m/s}、v_2 = 3.1\text{m/min})$

2）磨削烧伤的外观检查与显微组织

在 $a_p = 0.11\text{mm}$、$v_s = 52.1\text{m/s}$、$v_2 = 3.1\text{m/min}$ 时，齿凹面发生严重淬火烧伤，呈青灰色，其外观如图 6.7(a)中的中间齿所示，呈线条状；其烧伤的最大深度约为0.5mm，如图 6.6(b)所示，其月牙形的发白区域为淬火烧伤形成的马氏体区，烧伤表层的显微组织如图 6.7(b)所示。

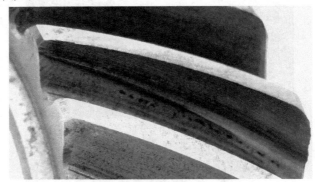

(a) 磨削烧伤齿的外观(呈青灰色)

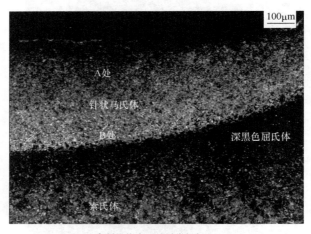

(b) 磨削烧伤表层的显微组织(×100)

图 6.7　弧齿锥齿轮大轮凹面磨削烧伤的外观与显微组织
（$a_p = 0.11\text{mm}$、$v_s = 52.1\text{m/s}$、$v_2 = 3.1\text{m/min}$）

淬火烧伤区靠表面(图 6.7(b)中的 A 处)的组织为较多的针状马氏体＋残余奥氏体＋少量碳化物，其显微组织如图 6.8(a)所示。该区域多为马氏体，说明该处磨削温度已达到了该材料的 A_{Ccm} 或 A_{C3} 以上。

淬火烧伤区下部(靠近回火烧伤区，即图 6.7(b)中的 B 处)的组织为马氏体＋铁素体＋残余奥氏体，其显微组织如图 6.8(b)所示。该区域为亚共析区，出现铁素体是因为该处温度处于 $A_{C1} \sim A_{C3}$ 两相区[45]。

　　回火烧伤区屈氏体组织特征如图 6.8(c)所示,呈深黑色。回火烧伤区索氏体组织特征如图 6.8(d)所示,碳化物已经明显聚集长大,板条马氏体也在逐渐消失。

(a) 磨削淬火烧伤区靠表面的显微组织(×1000)

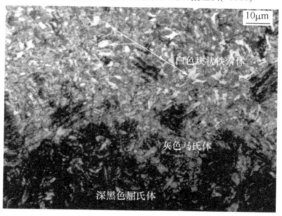

(b) 磨削淬火烧伤区下部的显微组织(×1000)

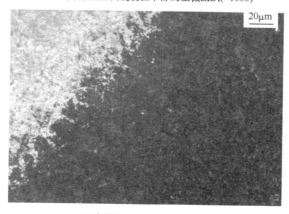

(c) 回火烧伤区屈氏体的组织特征(×500)

(d) 回火烧伤区索氏体的组织特征(×1000)

图 6.8　弧齿锥齿轮大轮凹面磨削烧伤的显微组织

$(a_p=0.11mm、v_s=52.1m/s、v_2=3.1m/min)$

根据对弧齿锥齿轮大轮凹面出现磨削严重烧伤的显微硬度与组织的分析,齿面硬度高,原因是淬火烧伤形成了淬火马氏体;中间部位(距齿面0.5～0.9mm)硬度出现了低谷,原因是回火烧伤形成了索氏体及屈氏体,其硬度较低;到基体(板条马氏体)硬度又有所回升,但比正常磨齿同样深度处硬度要低,说明烧伤时受到了温度影响,该处温度高于齿轮回火温度(150℃),马氏体回火程度上升,硬度下降[3]。

4. 磨削裂纹分析

在$a_p=0.08mm、v_s=52.1m/s、v_2=3.6m/min$时,弧齿锥齿轮大轮凹面上出现明显的磨削裂纹。通过磁力探伤检查,磨削裂纹沿齿高呈短线状平行分布,裂纹方向与磨削方向垂直,通常易发生在齿凹面的大、小端附近,裂纹深在0.5mm以内。经观测的磨削裂纹组织为回火马氏体+残留奥氏体+碳化物,其显微组织如图6.9所示。

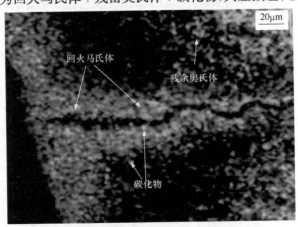

图 6.9　弧齿锥齿轮大轮凹面磨削裂纹的显微组织(×500)

$(a_p=0.08mm、v_s=51.2m/s、v_1=3.6m/min)$

经进一步实验发现,弧齿锥齿轮磨削裂纹处的硬度偏低,一般比技术要求低 $2\sim$ 5HRC。另外,磨削裂纹与磨削烧伤可不同时出现,这是因为磨削烧伤通过金相组织的变化而产生,而磨削裂纹最终在残余拉应力超过了材料的强度极限时才产生,残余拉应力是前工序(渗碳、淬火与回火热处理)留下的残余应力、磨削时力引起的塑性变形应力、热应力形成的残余拉应力、冷却效应形成的应力、金相组织变化应力等综合作用的结果[3]。

6.3　螺旋锥齿轮磨削正交实验与工艺优化

6.3.1　螺旋锥齿轮磨削正交实验分析与工艺参数优选

1. 螺旋锥齿轮磨削正交实验设计与结果

1) 磨削正交实验条件与设计

影响螺旋锥齿轮磨削过程的因素有很多,其中磨削工艺参数对磨削质量和生产率影响较大。为了减少实验次数,正交实验设计是寻求工艺优化方案的一种统计方法,其特点是针对各因素取定几个水平,按照均匀搭配的原则安排实验,并对实验结果进行统计分析,得到最优化的工艺参数水平搭配方案[46]。考虑螺旋锥齿轮磨削时,齿轮材料、磨削液等因素是一定的,可视为通常水平;而磨削深度 a_p、砂轮速度 v_s、砂轮粒度 M 和展成速度 v_w 是变化的,因此选择后 4 个因素作为正交实验因素。根据磨削工艺经验推荐值,每个因素分别取 4 个不同的水平值,其磨削正交实验的因素和水平如表 6.3 所示。

表 6.3　磨削弧齿锥齿轮小轮凹面正交实验的因素和水平

水平	磨削深度 a_p/mm A	砂轮速度 v_s/(m/s) B	砂轮粒度 $M(^\#)$ C	展成速度 v_w/(m/min) D
1	0.02	16.5	46	2.7
2	0.05	26.5	60	3.6
3	0.08	35.2	80	4.4
4	0.11	52.6	120	7.2

正交实验以磨削弧齿锥齿轮小轮凹面为例,实验材料、磨削工艺条件、检测条件与仪器等实验条件与 6.1.1 节相同。

2) 磨削正交实验结果

为考虑磨削表面质量和生产率,磨削工艺优化选择表面粗糙度 R_a、磨削变质层深度 h_1 和磨除率 Z_w 等 3 个评价指标。根据确定的 4 个因素和 4 个水平,必须选用

正交表 $L_{16}(4^5)$，留出一空白列 5(e)，以便在方差分析时使用，共做 16 组实验，得到的弧齿锥齿轮小轮凹面磨削正交实验结果如表 6.4 所示。

表 6.4　弧齿锥齿轮小轮凹面磨削正交实验结果

列号	1	2	3	4	5	表面粗糙度	变质层深度	磨除率
实验号	A	B	C	D	e	$R_a/\mu m$	h_1/mm	$Z_w/(mm^3/s)$
1	1	1	1	1	1	0.543	0.041	0.185
2	1	2	2	2	2	0.524	0.048	0.197
3	1	3	3	3	3	0.417	0.058	0.248
4	1	4	4	4	4	0.425	0.061	0.314
5	2	1	2	3	4	0.554	0.073	0.362
6	2	2	1	4	3	0.581	0.069	0.479
7	2	3	4	1	2	0.526	0.083	0.357
8	2	4	3	2	1	0.567	0.089	0.413
9	3	1	3	4	2	0.756	0.087	0.495
10	3	2	4	3	1	0.729	0.112	0.482
11	3	3	1	2	4	0.732	0.129	0.611
12	3	4	2	1	3	0.728	0.132	0.544
13	4	1	4	2	3	0.871	0.135	0.569
14	4	2	3	1	4	0.801	0.146	0.643
15	4	3	2	4	1	0.901	0.155	0.651
16	4	4	1	3	2	0.851	0.173	0.687

2. 磨削正交实验分析与工艺参数优选

对正交实验结果的工艺优选分析常用极差分析法和方差分析法等。极差分析法主要估计各因素作用的效果强弱，方差分析法主要分析实验的精度[3]。

1) 极差分析法

采用极差分析法时，设 k_i 表示任一列上水平号为 $i(i=1,2,3,4)$ 时所对应的实验结果之和的平均值，任一列上的极差 $R=\max\{k_1,k_2,k_3,k_4\}-\min\{k_1,k_2,k_3,k_4\}$。各列的极差不相等，说明各因素的水平变化对实验结果的影响不同。极差最大的那一列，就是该列因素的水平改变对实验评价指标的影响最大，也就是最主要的因素。优选方案是指在所做的实验范围内，各因素较优的水平组合。本实验中，R_a 和 h_1 为偏小型评价指标，k_i 值越小越好；而 Z_w 为偏大型评价指标，k_i 值越大越好。

对于 3 个实验评价指标的极差计算分析如表 6.5～表 6.7 所示。

表 6.5　弧齿锥齿轮表面粗糙度 R_a 的极差分析

项目	A	B	C	D
k_1	0.4773	0.6810	0.6768	0.6495
k_2	0.5570	0.6588	0.6768	0.6735
k_3	0.7363	0.6440	0.6353	0.6378
k_4	0.8560	0.6428	0.6378	0.6658
极差 R	0.3788	0.0383	0.0415	0.0358
因素（主→次）		$A_1 C_3 B_4 D_3$		
表面粗糙度 R_a	A_1	B_4	C_3	D_3
优选方案	$a_p = 0.02\text{mm}$	$v_s = 52.6\text{m/s}$	$M = 80^\#$	$v_w = 4.4\text{m/min}$

表 6.6　弧齿锥齿轮变质层深度 h_1 的极差分析

项目	A	B	C	D
k_1	0.0520	0.0840	0.1030	0.1005
k_2	0.0785	0.0938	0.1020	0.1003
k_3	0.1150	0.1063	0.0950	0.1040
k_4	0.1523	0.1138	0.0978	0.0930
极差 R	0.1003	0.0298	0.0080	0.0110
因素（主→次）		$A_1 B_1 D_4 C_3$		
变质层深度 h_1	A_1	B_1	C_3	D_4
优选方案	$a_p = 0.02\text{mm}$	$v_s = 16.5\text{m/s}$	$M = 80^\#$	$v_w = 7.2\text{m/min}$

表 6.7　弧齿锥齿轮磨除率 Z_w 的极差分析

项目	A	B	C	D
k_1	0.2360	0.4028	0.4905	0.4323
k_2	0.4028	0.4503	0.4385	0.4475
k_3	0.5330	0.4668	0.4498	0.4448
k_4	0.6375	0.4895	0.4305	0.4848
极差 R	0.4015	0.0868	0.0600	0.0525
因素（主→次）		$A_4 B_4 C_1 D_4$		
磨除率 Z_w	A_4	B_4	C_1	D_4
优选方案	$a_p = 0.11\text{mm}$	$v_s = 52.6\text{m/s}$	$M = 46^\#$	$v_w = 7.2\text{m/min}$

　　由表 6.5 可以看出,对表面粗糙度 R_a 影响最大的因素是 a_p,其次是 M 和 v_s, v_w 的影响最弱,优选方案为 $A_1C_3B_4D_3$。

　　由表 6.6 可以看出,对变质层深度 h_1 影响最大的因素是 a_p,v_s 和 v_w 的影响次之,M 的影响最弱,优选方案为 $A_1B_1D_4C_3$。

　　由表 6.7 可以看出,对磨除率 Z_w 影响最大的因素是 a_p,其次是 v_s 和 M,v_w 的影响最弱,优选方案为 $A_4B_4C_1D_4$。

　　由于实验中 4 个因素的不同水平对 3 个实验评价指标的影响程度不同,所以得到各个指标的优选方案不一致。为了综合 3 个评价指标,得到兼顾 R_a、h_1 和 Z_w 指标的磨削工艺参数优化的最终解,可采用综合平衡法进行分析[3]。设单因素评价指标集 $U=\{y_{mn}\}$,其中 y_{mn} 值分别为表 6.4 中 3 个评价指标值,$m=1,2,3$,$n=1,2,\cdots,16$;各实验指标的影响函数集 $\varPi=\{\eta_{mn}\}$,其中 η_{mn} 值为 0～10,对于实验中最优秀评价指标的影响函数值定为 10,再根据其他实验指标值与优秀指标值的差异按比例确定各影响函数值。对于 R_a 和 h_1 偏小型评价指标,其影响函数值 η_{mn} 为

$$\eta_{mn}=\frac{\max(y_{mn})-y_{mn}}{\max(y_{mn})-\min(y_{mn})}\times 10, \quad m=1,2 \qquad (6.4)$$

对于 Z_w 偏大型评价指标,其影响函数值 η_{mn} 为

$$\eta_{mn}=\frac{y_{mn}-\min(y_{mn})}{\max(y_{mn})-\min(y_{mn})}\times 10, \quad m=3 \qquad (6.5)$$

　　设采用综合平衡法得到的综合评价指标集为 V,为寻求 U 和 V 之间的关系,需确定权重分配集 $\gamma=\{\gamma_1,\gamma_2,\gamma_3\}$,它能反映各指标的重要程度。对于螺旋锥齿轮磨削,$R_a$ 的重要程度较高,其权重 γ_1 可取较大值;h_1 是控制磨削表面质量的指标之一,其权重 γ_2 取一定值;Z_w 是保证生产率的因素,其权重 γ_3 取较大值。这里权重分配集确定为 $\gamma=\{0.4,0.2,0.4\}$,则综合评价指标集 $V=\{v_n\}$ 中各综合评价指标值 v_n 为

$$v_n=\sum_{i=1}^{m}\gamma_i\eta_{in}, \quad m=1,2,3;n=1,2,\cdots,16 \qquad (6.6)$$

　　根据式(6.4)和式(6.5),按式(6.6)对表 6.4 中 3 个单因素评价指标值进行计算,得到的小轮凹面磨削综合评价指标值如表 6.8 所示。

表 6.8　弧齿锥齿轮小轮凹面磨削综合评价指标值

列号	1	2	3	4	5	综合评价指标值
实验号	A	B	C	D	e	
1	1	1	1	1	1	6.4380
2	1	2	2	2	2	6.6153
3	1	3	3	3	3	7.9934
4	1	4	4	4	4	8.1117
5	2	1	2	3	4	6.5220

列号	1	2	3	4	5	综合评价
实验号	A	B	C	D	e	指标值
6	2	2	1	4	3	6.7140
7	2	3	4	1	2	6.6977
8	2	4	3	2	1	6.3216
9	3	1	3	4	2	4.3356
10	3	2	4	3	1	4.2397
11	3	3	1	2	4	4.4589
12	3	4	2	1	3	4.1961
13	4	1	4	2	3	2.4775
14	4	2	3	1	4	3.4735
15	4	3	2	4	1	2.1293
16	4	4	1	3	2	2.6198

综合平衡法极差分析如表 6.9 所示,综合影响最大的因素是 a_p,其次是 M 和 v_s,v_w 的影响较弱,优选方案为 $A_1 C_3 B_3 D_3$。

表 6.9　弧齿锥齿轮综合平衡法的极差分析

项目	A	B	C	D
k_1	7.2896	4.9433	5.0577	5.2013
k_2	6.5638	5.2606	4.8657	4.9683
k_3	4.3076	5.3198	5.5310	5.3437
k_4	2.6750	5.3123	5.3817	5.3227
极差 R	4.6146	0.3765	0.6653	0.3754
因素(主→次)		$A_1 C_3 B_3 D_3$		
综合平衡法	A_1	B_3	C_3	D_3
优选方案	$a_p = 0.02\text{mm}$	$v_s = 35.2\text{m/s}$	$M = 80^\#$	$v_w = 4.4\text{m/min}$

2) 方差分析法

上面采用的极差分析法具有简单、直观的特点,计算量较少,便于普及和推广,能很好地解决生产实际中的一般问题;但它不能估计实验过程中以及实验结果测定中必然存在的误差大小,因此不能真正区分各因素各水平所对应实验结果的差异,是由水平的改变所引起的,还是由实验误差所引起的,故不能得知分析的精度。为了进一步分析各工艺参数对实验结果影响的显著性,以及实验误差对实验结果影响的大小,得到各组均数间更详细的信息,需进行方差分析[46]。

　　根据正交实验方差分析法,得到的 R_a、h_1 和 Z_w 等 3 个评价指标的方差分析如表 6.10~表 6.12 所示。为了对因素进行显著性检验,常用的检验水平 $\alpha = 0.01$,0.05,0.1,对应的 F 临界值分别为 $F_{0.01}(f_{因}, f_e)$、$F_{0.05}(f_{因}, f_e)$ 和 $F_{0.1}(f_{因}, f_e)$。通常,当 $F > F_{0.01}(f_{因}, f_e)$ 时,说明该因素对实验结果的影响高度显著,记为"▲▲▲";当 $F_{0.05}(f_{因}, f_e) < F \leqslant F_{0.01}(f_{因}, f_e)$ 时,说明该因素的影响显著,记为"▲▲";当 $F_{0.1}(f_{因}, f_e) < F \leqslant F_{0.05}(f_{因}, f_e)$ 时,说明该因素有一定的影响,记为"▲";当 $F \leqslant F_{0.1}(f_{因}, f_e)$ 时,说明该因素的影响显著性不大。该实验的 F 临界值为:$F_{0.01}(3,3) = 29.46$,$F_{0.05}(3,3) = 9.28$,$F_{0.1}(3,3) = 5.39$。

　　由表 6.10 可以看出,对弧齿锥齿轮小轮凹面 R_a 有高度显著影响的是 a_p,按 k 的小值选 A_1;M、v_s 和 v_w 的影响显著性不大,可从提高磨削效率和质量等方面考虑,分别选取水平 C_3、B_3、D_3。因此,确定的优选方案为 $A_1C_3B_3D_3$。

表 6.10　弧齿锥齿轮小轮凹面表面粗糙度 R_a 的方差分析

方差来源	离差平方和 S	自由度 f	均方和 $MS(S/f)$	F 值 (MS/MS_e)	临界值	显著性
A	0.3528	3	0.1176	50.77023		▲▲▲
B△	0.0038	3	0.0013			
C△	0.0065	3	0.0022		$F_{0.01}(3,12) = 5.95$	
D△	0.0031	3	0.0031		$F_{0.05}(3,12) = 3.49$	
误差 e	0.0069	3	0.0023		$F_{0.1}(3,12) = 2.61$	
$e^{△}$	0.0203	12	0.0017			
总和 T	0.3731	15				

　　由表 6.11 可以看出,a_p、v_s 均对 h_1 有高度显著影响,按 k 的小值分别选 A_1、B_1;v_w 对 h_1 有一定影响,按 k 的小值选 D_4;M 对 h_1 的影响不大,可选取水平 C_3。因此,确定的优选方案为 $A_1B_1D_4C_3$。

表 6.11　弧齿锥齿轮小轮凹面变质层深度 h_1 的方差分析

方差来源	离差平方和 S	自由度 f	均方和 $MS(S/f)$	F 值 (MS/MS_e)	临界值	显著性
A	0.0229	3	0.0076	490.0710		▲▲▲
B	0.00209	3	0.0007	44.7162		▲▲▲
C	0.0002	3	5.57×10^{-5}	3.5810	$F_{0.01}(3,3) = 29.46$	
D	0.0003	3	8.54×10^{-5}	5.4873	$F_{0.05}(3,3) = 9.28$ $F_{0.1}(3,3) = 5.39$	▲
误差 e	4.67×10^{-5}	3	1.56×10^{-5}			
总和 T	0.0254	15				

由表 6.12 可以看出，a_p 对 Z_w 的影响高度显著，按 k 的大值选 A_4；v_s、M 和 v_w 对 Z_w 的影响不大，可分别选 B_3、C_3 和 D_3。因此，优选方案为 $A_4B_3C_3D_3$。

表 6.12　弧齿锥齿轮小轮凹面磨除率 Z_w 的方差分析

方差来源	离差平方和 S	自由度 f	均方和 MS(S/f)	F 值 (MS/MS$_e$)	临界值	显著性
A	0.3602	3	0.1201	53.3353		▲▲▲
B	0.0162	3	0.0054	2.3999		
C	0.0085	3	0.0028	1.2624	$F_{0.01}(3,6)=9.78$	
D△	0.0061	3	0.0020		$F_{0.05}(3,6)=4.76$	
误差 e	0.0068	3	0.0023		$F_{0.1}(3,6)=3.29$	
e△	0.0129	6	0.0022			
总和 T	0.3978	15				

采用综合平衡法的正交实验方差分析如表 6.13 所示，a_p 对实验结果有高度显著影响，按 k 的大值选 A_1；其他 3 个因素的影响不显著，可分别选水平 B_3、C_3、D_3。因此，确定的优选方案为 $A_1B_3C_3D_3$。

表 6.13　弧齿锥齿轮小轮综合平衡法的方差分析

方差来源	离差平方和 S	自由度 f	均方和 MS(S/f)	F 值 (MS/MS$_e$)	临界值	显著性
A	53.5920	3	17.8640	32.8402		▲▲▲
B△	0.3849	3	0.1283			
C△	1.0971	3	0.3657		$F_{0.01}(3,12)=5.95$	
D△	0.3562	3	0.1187		$F_{0.05}(3,12)=3.49$	
误差 e	1.6319	3	0.5440		$F_{0.1}(3,12)=2.61$	
e△	3.4701	12	0.2892			
总和 T	57.0621	15				

通过磨削正交实验的极差分析和方差分析可知，弧齿锥齿轮小轮凹面磨削深度 a_p、砂轮速度 v_s、砂轮粒度 M 和展成速度 v_w 对磨削表面粗糙度 R_a、磨削变质层深度 h_1 和磨除率 Z_w 等 3 个磨削评价指标有不同程度的影响，其中磨削深度 a_p 对 3 个评价指标均有高度显著影响，由综合平衡法得优选水平为 A_1；砂轮速度 v_s、砂轮粒度 M 和展成速度 v_w 可分别选 B_3、C_3 和 D_3，则采用极差分析和方差分析得到的磨削工艺参数优选组合为 $A_1B_3C_3D_3$，即 $a_p=0.02\text{mm}$，$v_s=35.2\text{m/s}$，$M=80^{\#}$，$v_w=4.4\text{m/min}$。

6.3.2　磨削评价指标回归模型与磨削表面性能的实验优化分析

1. 螺旋锥齿轮磨削评价指标的回归模型与计算精度

1) 螺旋锥齿轮磨削评价指标的回归模型

根据 6.3.1 节弧齿锥齿轮磨削正交实验结果，采用回归分析，磨削评价指标模型采用拟合精度较好、建模方便的幂函数形式进行建模[3]，即

$$y = ba_p^{b_1} v_s^{b_2} M^{b_3} v_w^{b_4} \tag{6.7}$$

式中，y 为表面粗糙度 R_a、磨削变质层深度 h_1 或磨除率 Z_w；b 为比例系数；b_1、b_2、b_3、b_4 分别为 a_p、v_s、M、v_w 对 y 的影响指数。

在式(6.7)中，随机变量 y 与 4 个自变量 a_p、v_s、M、v_w 之间存在着多元非线性关系。通过数学上的变量对数变换，可将式(6.7)转化为线性模型，再根据最小二乘法原理，对线性表达式进行多元线性回归求解，得到的磨削表面粗糙度 R_a、磨削变质层深度 h_1 和磨除率 Z_w 的多元回归分析结果分别如表 6.14～表 6.16 所示。

表 6.14　弧齿锥齿轮磨削表面粗糙度 R_a 的多元回归分析结果

回归统计				
Multiple R	0.9519			
R Square	0.9061			
Adjusted R Square	0.8685			
标准误差	0.0918			
观测值	15			

方差分析				
参数	df	SS	MS	F	Significance F
回归分析	4	0.8120	0.2030	24.1106	4.05×10^{-5}
残差	10	0.0842	0.0084		
总计	14	0.8962			

回归参数				
参数	Coefficients	标准误差	t Stat	P-value	Lower 95%
Intercept	0.8969	0.4179	2.1461	0.0574	−0.0343
b_1	0.3760	0.04111	9.1580	3.54×10^{-6}	0.2846
b_2	−0.0260	0.0611	−0.4246	0.6801	−0.1622
b_3	−0.0523	0.0709	−0.7370	0.4780	−0.2102
b_4	0.0331	0.0703	0.4712	0.6476	−0.1235

表 6.15　弧齿锥齿轮磨削变质层深度 h_1 的多元回归分析结果

回归统计	
Multiple R	0.9737
R Square	0.9481
Adjusted R Square	0.9273
标准误差	0.1079
观测值	15

方差分析					
参数	df	SS	MS	F	Significance F
回归分析	4	2.1251	0.5313	45.6403	2.17×10^{-6}
残差	10	0.1164	0.0116		
总计	14	2.2415			

回归参数					
参数	Coefficients	标准误差	t Stat	P-value	Lower 95%
Intercept	-1.6467	0.4914	-3.3510	0.0074	-2.7416
b_1	0.6214	0.0483	12.8710	1.51×10^{-7}	0.5138
b_2	0.2835	0.0719	3.9436	0.0028	0.1233
b_3	0.0375	0.0834	0.4495	0.6627	-0.1483
b_4	-0.0445	0.0827	-0.5380	0.6024	-0.2286

表 6.16　弧齿锥齿轮磨除率 Z_w 的多元回归分析结果

回归统计	
Multiple R	0.9753
R Square	0.9512
Adjusted R Square	0.9317
标准误差	0.0967
观测值	15

方差分析					
参数	df	SS	MS	F	Significance F
回归分析	4	1.8236	0.4559	48.7186	1.59×10^{-6}
残差	10	0.0936	0.0094		
总计	14	1.9172			

回归参数					
参数	Coefficients	标准误差	t Stat	P-value	Lower 95%
Intercept	0.1049	0.4406	0.2381	0.8166	-0.8768
b_1	0.5867	0.0433	13.5535	9.23×10^{-8}	0.4903
b_2	0.1884	0.0645	2.9235	0.0152	0.0448
b_3	-0.0352	0.0747	-0.4706	0.6480	-0.2017
b_4	0.1736	0.0741	2.3428	0.0411	0.0085

按表 6.14~表 6.16 中的回归系数，对 b_0 进行反变换，得 $b = e^{b_0}$，按式(6.7)得弧齿锥齿轮磨削评价指标的回归模型分别为

$$R_a = 2.452a_p^{0.376}v_s^{-0.026}M^{-0.0523}v_w^{0.0331} \tag{6.8}$$

$$h_1 = 0.1927a_p^{0.6214}v_s^{0.2835}M^{0.0375}v_w^{-0.0445} \tag{6.9}$$

$$Z_w = 1.1106a_p^{0.5867}v_s^{0.1884}M^{-0.0352}v_w^{0.1736} \tag{6.10}$$

2）螺旋锥齿轮磨削评价指标回归模型的计算精度

由回归模型(6.8)~(6.10)得出其计算值，与表 6.4 中磨削正交实验值进行比较，其回归模型的计算精度如表 6.17 所示[3]。由表可知，弧齿锥齿轮磨削表面粗糙度 R_a、变质层深度 h_1 和磨除率 Z_w 的回归模型计算值与实验值最大相对误差绝对值分别为 18.41%、16.19%、13.89%。造成这些误差的原因是螺旋锥齿轮磨削过程非常复杂，回归模型只考虑了磨削工艺 4 个主要因素对评价指标的影响，而其他外界条件，如设备精度误差、磨削振动、冷却状况等都没有考虑，这些外界条件和其他磨削工艺参数对整个磨削过程都会产生影响。但这些相对误差不大，说明该实验回归模型有一定的精度[3]。

表 6.17　弧齿锥齿轮磨削评价指标回归模型计算精度

工艺方案	磨削工艺参数				出现最大误差时		相对误差 /%
	a_p /mm	v_s /(m/s)	M (#)	v_w /(m/min)	实验值	计算值	
1 号实验	0.02	16.5	46	2.7	$R_a = 0.543\mu m$	$R_a = 0.443\mu m$	−18.41
6 号实验	0.05	26.5	46	7.2	$h_1 = 0.069mm$	$h_1 = 0.0802mm$	16.19
2 号实验	0.02	26.5	60	3.6	$Z_w = 0.197mm^3/s$	$Z_w = 0.2244mm^3/s$	13.89

2. 磨削表面性能的实验优化分析与磨削工艺预控

根据前面磨削正交实验综合平衡法极差分析与方差分析，得到的弧齿锥齿轮小轮凹面磨削工艺参数优选组合为 $A_1B_3C_3D_3$，即 $a_p = 0.02mm$、$v_s = 35.2m/s$、$M = 80^\#$、$v_w = 4.4m/min$。通过实验测试，得到在该优选工艺参数与一般磨削工艺参数下，弧齿锥齿轮小轮凹面磨削表面性能的实验结果如表 6.18 所示。

表 6.18　优选工艺与一般磨削工艺参数下小轮凹面磨削表面性能实验结果

磨削 方案	磨削工艺参数				表面残余 应力/MPa	磨削表面性能实验值		变质层深度 h_1/mm
	a_p /mm	v_s /(m/s)	M (#)	v_w /(m/min)		表面粗糙度 $R_a/\mu m$	表面硬度 (HRC)	
一般 工艺	0.02	16.5	46	2.7	−49.52	0.543	61.1	0.041
	0.05	16.5	60	4.4	−60.73	0.554	59.7	0.073
	0.08	52.6	60	2.7	−65.87	0.728	57.5	0.132
	0.11	26.5	80	2.7	−70.14	0.801	58.3	0.146
优选工艺	0.02	35.2	80	4.4	−65.41	0.417	60.2	0.058

根据表 6.18 可知,与一般磨削工艺参数下的磨削表面性能相比,工艺参数优选下的磨削表面残余应力获得了较好的残余压应力(-65.41MPa),磨削表面粗糙度均比一般磨削工艺参数下的要低,磨削表面硬度满足要求($58\sim62$HRC),磨削变质层深度较浅(0.058mm)。另外,通过显微镜观察可知,磨削工艺优选下的磨削齿面加工纹理较清晰和规整,齿面组织为针状马氏体+残余奥氏体+少量碳化物,未产生磨削烧伤与裂纹;由表 6.4 中的磨削正交实验结果可知,磨除率 Z_w 达到了 0.248mm³/s,表 6.8 中的磨削综合评价指标值高(7.9934),这说明在磨削工艺优选下的磨削表面性能较好。

在螺旋锥齿轮磨削表面性能实验优化分析的基础上,为改善磨削表面性能和提高生产率,提出磨削工艺优化的预控措施如下[3]:

(1)磨削深度 a_p。当 a_p 增大时,磨削力与磨削温度升高,变质层深度 h_1 增加明显;当 $a_p \geqslant 0.03$mm 时,a_p 增大使磨削表面残余应力增加明显;当 $a_p < 0.08$mm 时,随着 a_p 的增大,磨削表层的显微硬度降低、表面粗糙度 R_a 增大,但影响不显著;但当 $a_p \geqslant 0.08$mm 时,a_p 对表层显微硬度、R_a 的影响很显著,易产生磨削烧伤与裂纹,出现淬火烧伤时的表面显微硬度明显提高。因此,粗磨时,a_p 可选为 $0.03\sim0.06$mm,以提高磨除率 Z_w;精磨时,a_p 可选为 $0.01\sim0.02$mm。

(2)砂轮速度 v_s。当 v_s 增大时,磨削表面温度升高,磨削表面残余应力和 h_1 增大,磨削烧伤可能性增加,但 R_a 得到明显改善,且 Z_w 提高,故在不产生磨削烧伤与裂纹的情况下,可选择较大的 v_s,一般可选 v_s 为 $20\sim36$m/s,但磨削小模数的齿轮时,应采用较小的 v_s。

(3)展成速度 v_w。当 v_w 增大时,开始时磨削温度有所升高;但磨削表面附近处的温度梯度越大,热作用时间越短,冷却效果越强,使磨削温度略有降低,从而使磨削表面残余应力和 h_1 减少,R_a 值略有增加,Z_w 会提高。因此,在不影响齿面粗糙度 R_a 的情况下,可选择较大的 v_w,一般为 $3\sim5$m/min。

(4)砂轮选择与修整。螺旋锥齿轮磨削普遍选用韧性和切削性能较好的 SG 砂轮,其硬度与粒度对磨削表面质量和磨除率均有不同程度的影响,其中对 R_a 的影响最为显著[19]。砂轮软、粒度粗,对避免磨削烧伤与裂纹有利,但 R_a 显著增加;砂轮磨钝后,对磨削表面质量和 Z_w 均产生显著的不利影响。因此,一般粗磨时可选小粒度号的 SG 砂轮,如 46#、60#;精磨时可选大粒度号砂轮,如 60#、80# 等,并需及时在数字控制的砂轮修整器上对砂轮进行修整。

(5)磨削余量选择。磨削余量主要用来在磨削时修正前工序的误差,以提高磨削质量。磨削余量选得过大,会增加磨齿表面缺陷产生的可能性,降低磨削生产率,故在保证有足够的磨削余量情况下,应尽可能减小磨削余量。措施如下:①经铣削等工序后,留给磨削工序的总余量,一般控制在单边 $0.15\sim0.3$mm,前工序的误差小,则磨削总余量可选小一些[47,48];②减小热处理变形;③在磨削前应进行齿圈找正,以使磨削余量分布均匀。

6.4　面齿轮磨削工艺参数优化与实验

6.4.1　面齿轮磨削工艺参数优化的数学模型

1. 面齿轮数控磨削工艺参数的影响分析

面齿轮精加工一般采用数控磨削,其加工工艺参数优化一方面要确保面齿轮磨削质量,另一方面要考虑加工效率[9]。

在六轴五联动数控磨床上采用碟形砂轮磨削面齿轮时,其工艺参数包括磨削用量(砂轮速度、展成速度、磨削深度)和碟形砂轮特性参数(磨料、粒度、硬度、结合剂、组织、浓度、砂轮形状尺寸、硬度等)。磨削用量的选取是否合适将直接影响磨削力、磨削温度、齿面粗糙度与加工时间。较大的砂轮速度会使工件表面磨削温度上升、表面粗糙度减少、单位时间内金属去除率提高;展成速度的增大会使表面粗糙度恶化;大的磨削深度会使工件表面磨削温度升高。砂轮参数的选择应保证磨削表面质量,如粗糙度、金相组织等。砂轮参数中的磨料选择主要根据工件材料类型确定,本节面齿轮材料为 18Cr2Ni4WA,则采用具有较好切削性和自锐性的白刚玉较为合适;砂轮粒度的大小选择对加工表面粗糙度有直接影响,根据加工工序的不同和加工精度的要求,精磨时一般选用粒度为 $60^{\#} \sim 80^{\#}$ 的砂轮;砂轮硬度是以工件材料的硬度大小为前提进行选择的,工件材料硬度越大,选取的砂轮硬度越小,但也不宜过小,否则将因砂粒易脱落而影响砂轮寿命。为减少设计变量、简化数学模型,本节仅考虑将磨削用量作为面齿轮磨削工艺参数的主要优化对象,而将碟形砂轮的相关参数选定为 D300×25×127 WA80L5R35。

2. 磨削工艺参数优化设计变量

根据上述影响分析,这里选取磨削用量三个参数,即砂轮速度 v_s、展成速度 v_w、磨削深度 a_p,分别记为 x_1、x_2、x_3,作为面齿轮磨削加工工艺优化问题的设计变量[9],即

$$X = [v_s \ v_w \ a_p]^T = [x_1 \ x_2 \ x_3]^T \tag{6.11}$$

3. 磨削工艺参数优化目标函数

1) 磨齿效率

在确保面齿轮磨削质量及不产生磨削烧伤的前提下,应尽可能提高加工效率、缩短磨齿时间。单个齿轮的磨齿时间 T 包括基本时间 T_1、辅助时间 T_2、场地准备时间 T_3、休息时间 T_4、磨齿加工准备时间 T_5 等,则单个齿轮的磨齿时间 T 的数学

模型为

$$T = T_1 + T_2 + T_3 + T_4 + T_5 \tag{6.12}$$

对于齿轮参数一定的单个齿轮,除 T_1 外,其他时间基本是不变的,故要提高效率、缩短磨齿时间,只能通过优化 T_1 来实现,基本时间 T_1 的数学模型[9]如下:

$$F_1(X) = T_1 = \frac{\pi dzbZ}{1000 a_p v_s v_w} = \frac{\pi dzbZ}{1000 x_1 x_2 x_3} \tag{6.13}$$

式中,d 为齿轮分度圆直径(mm),z 为齿轮齿数,b 为齿轮磨削宽度(mm),Z 为磨齿余量(mm)。

2) 表面质量

面齿轮的工作性能、可靠性、寿命在很大程度上取决于其表面质量,而表面质量会严重影响面齿轮的耐磨性、耐蚀性和抗疲劳破坏能力。齿面表面质量包括齿面表面粗糙度、表面硬层深度等,常用表面粗糙度 R_a 对其进行评价。这里采用以磨削砂轮速度、展成速度、磨削深度为变量的表面粗糙度经验公式[9]:

$$F_2(X) = R_a = A a_p^t v_w^b v_s^c \tag{6.14}$$

式中,A 为常数项;t、b、c 分别为磨削深度 a_p、展成速度 v_w、砂轮速度 v_s 的指数,其大小需根据具体磨削条件,通过磨削实验数据统计分析,并经多元回归数值分析后计算得到。最终,$A=2.56$,$t=0.12$,$b=0.10$,$c=-0.48$。

4. 磨削工艺参数优化约束条件

1) 磨削表面粗糙度约束条件

面齿轮磨削表面粗糙度是面齿轮加工的重要技术要求,表面粗糙度不能超过给定的范围 R_{amax},即

$$R_a \leqslant R_{amax} \tag{6.15}$$

将 A、t、b、c 的值代入式(6.14),再将式(6.14)代入式(6.15),与式(6.11)联立,即可得到磨削表面粗糙度约束方程 $G_1(x)$ 为

$$G_1(x) = 2.56 x_1^{-0.48} x_2^{0.10} x_3^{0.12} - R_{amax} \leqslant 0 \tag{6.16}$$

2) 磨削烧伤约束条件

面齿轮磨削时需满足防止烧伤的以下条件:

$$v_s a_p^{0.5} d_s - C_b \leqslant 0 \tag{6.17}$$

式中,C_b 为由工件材料和砂轮类型决定的磨削烧伤临界系数,取 $C_b = 1920 \text{m} \cdot \text{mm/min}$;$d_s$ 为砂轮的直径(mm)。

将 C_b 值代入式(6.17),联立式(6.11),可得磨削烧伤约束方程 $G_2(x)$ 为

$$G_2(x) = d_s x_1 x_3^{0.5} - 1920 \leqslant 0 \tag{6.18}$$

3）磨削功率约束条件

面齿轮磨削时磨削功率必须在主轴功率的范围之内，即

$$0.0358(a_p v_w v_s)^{0.7} - \eta P_c \leqslant 0 \tag{6.19}$$

式中，$0.0358(a_p v_w v_s)^{0.7}$ 为切削功率；η 为机床主电机到主轴间的传动效率，取 $\eta = 0.95$；P_c 为主电机功率。

将 η 值代入式（6.19）且联立式（6.11），可得磨削功率约束方程 $G_3(x)$ 为

$$G_3(x) = 0.0358(x_1 x_2 x_3)^{0.7} - 0.95 P_c \leqslant 0 \tag{6.20}$$

4）磨削用量边界约束条件

磨齿时要选取最佳的磨削用量，砂轮速度 v_s、展成速度 v_w、磨削深度 a_p 不能超过许可范围，磨削用量边界约束条件为

$$v_{smin} \leqslant v_s \leqslant v_{smax} \tag{6.21}$$

$$v_{wmin} \leqslant v_w \leqslant v_{wmax} \tag{6.22}$$

$$a_{pmin} \leqslant a_p \leqslant a_{pmax} \tag{6.23}$$

将式（6.21）~式（6.23）与式（6.11）联立，整理可得

$$G_4(x) = x_{1min} - x_1 \leqslant 0 \tag{6.24}$$

$$G_5(x) = x_1 - x_{1max} \leqslant 0 \tag{6.25}$$

$$G_6(x) = x_{2min} - x_2 \leqslant 0 \tag{6.26}$$

$$G_7(x) = x_2 - x_{2max} \leqslant 0 \tag{6.27}$$

$$G_8(x) = x_{3min} - x_3 \leqslant 0 \tag{6.28}$$

$$G_9(x) = x_3 - x_{3max} \leqslant 0 \tag{6.29}$$

综上所述，这是一个含 2 个目标函数（$F_1(x)$、$F_2(x)$）、3 个约束条件（$G_i(x)$，$i = 1, 2, 3$）、6 个边界条件（$G_i(x)$，$i = 4, 5, \cdots, 9$）的三维非线性优化问题，即

$$\min[F_1(x), F_2(x)]$$
$$\text{s. t. } G_i(x), \quad i = 1, 2, \cdots, 9 \tag{6.30}$$

5. 磨削工艺参数优化方法

根据前面建立的工艺参数优化模型和约束条件可知，该优化求解是一个多目标非线性约束的优化问题，无法找到单一的某个点，使这两个目标同时达到最小[9]。对于该实际应用问题，一般是采取从多目标优化问题的 Pareto 最优解集合中挑选一个或一些解作为所求多目标优化问题的最优解。目前有多种求解多目标优化问题的方法，如线性加权法、理想点法等。针对约束优化问题的处理方法主要有丢弃法、修理法、修改遗传算子法和惩罚函数法，这些求解方法各有优势与弊端。这里将采用内点罚函数法（内点法）与遗传算法相结合的策略进行求解，多目标优化问题描述如下：

$$x = [X_1, X_2, \cdots, X_r]^T$$

$$\min f(x) = [f_1(x), f_2(x), \cdots, f_s(x)]$$

$$\text{s. t. } x \in S = \{x \mid g_j(x) \leqslant 0, \quad j = 1, 2, \cdots, p\}$$

$$(6.31)$$

式中，x 为待优化的变量；$f_s(x)$ 为待优化的目标函数；r 为变量个数；s 为目标函数个数；$g_j(x)$ 为约束条件函数；p 为约束条件个数。

1) 内点法

内点法构造惩罚函数原理，将面齿轮磨削工艺参数优化的数学模型(6.30)中的 3 个性能约束条件($G_i(x)$, $i=1,2,3$)作为罚项，加入目标函数($F_1(x)$、$F_2(x)$)构成罚函数，即

$$\begin{cases} M_1(x) = F_1(x) + \mu \sum_{i=1}^{3} \dfrac{1}{G_i(x)} \\ M_2(x) = F_2(x) + \mu \sum_{i=1}^{3} \dfrac{1}{G_i(x)} \end{cases} \quad (6.32)$$

则面齿轮磨削工艺参数优化的多目标约束数学模型(6.30)转化为

$$\min M_1(x) = F_1(x) + \mu \sum_{i=1}^{3} \frac{1}{G_i(x)}$$

$$M_2(x) = F_2(x) + \mu \sum_{i=1}^{3} \frac{1}{G_i(x)} \quad (6.33)$$

$$\text{s. t. } G_i(x), \quad i = 4, \cdots, 9$$

式中，$G_i(x)(i=4, \cdots, 9)$ 为变量上下限边界条件，即式(6.24)~式(6.29)；$M_1(x)$、$M_2(x)$ 为罚函数，即式(6.32)。

从式(6.33)可以看出，这是一个仅含变量上下限约束条件的多目标优化问题。

2) 基于多目标优化的遗传算法

函数 gamultiobj 是多目标优化的遗传算法之一，它是 NSGA-II 算法的改进型，包含在 MATLAB 遗传算法与直接搜索工具箱(GADST)中。该函数适用于求解只含变量上下限约束条件和线性约束条件的多目标问题，不属于权重系数转换法范畴，因此可以避免不易选择权重系数的局限性。面齿轮磨削工艺参数优化的多目标数学模型(6.30)经内点法处理后，已转化为式(6.33)；式(6.33)只含变量上下限约束条件，无非线性约束条件，显然符合函数 gamultiobj 的适用范围。因此，面齿轮磨削工艺参数优化的数学模型可利用函数 gamultiobj，对式(6.33)进行求解，基本流程如下[9]：

(1) 确定惩罚因子 μ。根据内点法惩罚因子选取的原则，需经多次实验调整和运行程序以确定合适的值。

(2) 编写面齿轮磨削工艺参数优化的适应度函数 m 文件。先将式(6.13)、

式(6.14)、式(6.16)、式(6.18)、式(6.20)代入式(6.32)中形成罚函数;再通过MATLAB 程序编辑器将罚函数形成 m 文件作为适应度函数。

（3）通过 GUI 界面调用函数 gamultiobj 并确定有关设置参数（Options）。需设置的有关参数主要有:种群大小、进化代数与停止代数、交叉概率、变异概率、最前端系数、适应度函数值偏差。

（4）在函数 gamultiobj 界面输入适应度函数、变量个数值、变量上下限以及线性约束条件。变量个数为 3,即 x_1、x_2、x_3;变量上下限分别为变量边界条件,即式(6.24)~式(6.29)中各个变量(x_1、x_2、x_3)的最大值和最小值;线性约束条件设置为空。

（5）开始求解。

6.4.2　面齿轮磨削工艺参数优化仿真及实验

1. 磨削工艺参数优化仿真

仿真中面齿轮参数及加工参数如表 2.10 所示,六轴五联动数控磨床主轴功率 P_c 为 13kW,齿轮宽度 b 为 40.8601mm,磨齿余量 z 为 0.5mm,表面粗糙度 R_{amax} 为 0.8μm。

表 6.19 为优化前面齿轮磨削方案和有关工艺数据,每组方案是根据不同实际加工要求而定的,有相对应的磨削基本时间 T_1 和表面粗糙度 R_a。当希望提高生产效率时,一般采用方案 1;当期望面齿轮磨削表面粗糙度较好时,选取方案 2;当要求有较高的生产效率以及良好的表面粗糙度时,则往往选取方案 3。

表 6.19　优化前面齿轮磨削方案及有关工艺数据

方案	T_1/min	R_a/μm	v_s/(m/s)	v_w/(m/min)	a_p/mm
方案 1	350.00	0.543	31.5	4.5	0.020
方案 2	415.36	0.472	20	10	0.020
方案 3	361.26	0.473	21.5	5.5	0.040

通过 MATLAB 将表 2.10 中有关磨削面齿轮加工参数代入适应度函数,运用GADST,经多次运行 MATLAB 程序和试算后,确定合适的有关参数如下:惩罚因子 $\mu=0.0001$、种群大小为 80、进化代数与停止代数也均为 80、交叉概率为 0.8、变异概率为 0.01、最前端系数为 0.2、适应度函数值偏差为 1×10^{-10},其余设置为默认。

优化程序运行结束后,Workspace 中得到的 Pareto 解集及 x 对应的适应度函数值见表 6.20,利用 MATLAB 程序绘制磨削时间 T_1 和表面粗糙度 R_a 的适应度函数 Pareto 解第一前端个体分布图,如图 6.10 所示。

表 6.20　某次运行得到的 Pareto 解

序号	T_1/min	$R_a/\mu\text{m}$	$v_s/(\text{m/s})$	$v_w/(\text{m/min})$	a_p/mm
1	100.428	0.416	33.570	9.988	0.049
2	182.854	0.383	34.579	6.492	0.040
3	198.732	0.381	34.349	6.350	0.038
4	234.398	0.374	34.300	6.297	0.033
5	281.166	0.365	34.637	5.743	0.030
6	306.757	0.364	34.354	4.927	0.032
7	324.559	0.358	34.740	5.190	0.028
8	344.877	0.356	34.403	5.345	0.026
9	388.793	0.351	34.939	4.111	0.030
10	407.819	0.348	34.833	5.040	0.023
11	430.215	0.347	34.612	4.686	0.024
12	466.722	0.343	34.869	4.414	0.023
13	485.536	0.341	34.941	4.079	0.024
14	516.039	0.340	34.726	4.224	0.022
15	542.334	0.338	34.905	4.080	0.022
16	551.346	0.337	34.972	4.033	0.021

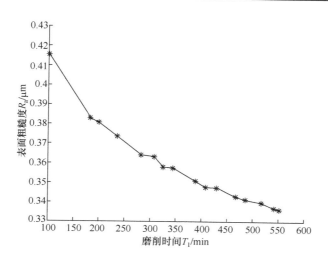

图 6.10　适应度函数 Pareto 解第一前端个体分布图

从图 6.10 可清晰地了解到两个适应度函数的 Pareto 解分布情况,同时也可以看出无法找到某一个点使两个优化目标函数值同时最小。而表 6.20 中的优化结果则表明:采用内点法与基于遗传算法的多目标优化算法相结合的优化策略对面齿轮磨削工艺参数进行多目标优化时,可以找到多组工艺参数对磨削面齿轮进行加工指导;多组操作参数在协调多个生产目标上各有优劣。因此,生产者可以从多组优化参数中找到一组或几组操作参数来对当前的生产状况进行相应调整,这体现了该组合方法的优势。

根据面齿轮磨削加工的实际情况,由表 6.20 可知:第 1～5 组数据显示磨削基本时间 T_1 较短,但其值与生产实际不符且表面粗糙度较大;第 9～16 组数据显示表面粗糙度 R_a 较小,但生产效率较低。因此,当表面质量要求较高时可选表 6.20 中第 8 组磨削用量;当生产效率要求较高时可选第 6 组中的磨削用量;当生产效率与表面质量同时要求较高时可选择第 7 组中的磨削用量。此三组相对应的性能约束函数值(表 6.21)均为负值,且各设计变量优化值均在相对应的边界范围内,故满足前述约束条件。

表 6.21　最优点的非线性约束函数值

限制条件项目	第 6 组	第 7 组	第 8 组
表面粗糙度	−0.4362	−0.4421	−0.4425
磨削烧伤	−76.371	−176.066	−255.805
机床主轴功率	−12.230	−12.2388	−12.2436

2. 磨削工艺参数优化实验

为了验证优化方法及结果的有效性,依据工艺参数优化实验的方法设计并进行实验。该实验选用六轴五联动数控磨床 QMK50A,采用碟形砂轮(D300×25×127 WA80L5R35),磨削液用水基磨削液,齿轮热处理硬度 56～63HRC;面齿轮其他有关加工参数与仿真时相同。

采用表面轮廓仪 Hommel Werke T800 测量表面粗糙度,取样长度为 0.8mm,评定长度为取样长度的 6 倍,对面齿轮磨削齿面 R_a 测量三次,取其平均值作为每组实验的表面粗糙度实测值。选用表 6.20 中优化仿真第 6、7、8 组,对每组做三次测量实验,取三次测量实验的平均值,得到面齿轮磨削工艺参数优化实验结果如表 6.22 所示。

表 6.22　面齿轮磨削工艺参数优化实验对比结果

项目	T_1 /min	R_a /μm	v_s /(m/s)	v_w /(m/min)	a_p /mm	与仿真值的相对误差/%	
						T_1	R_a
仿真值 1	306.757	0.364	34.354	4.927	0.032	—	—
实测值 1	309.22	0.371	34.354	4.927	0.032	0.8	1.9
实测值 2	314.31	0.402	34.354	4.927	0.032	2.5	10.4
实测值 3	322.02	0.358	34.354	4.927	0.032	5.0	−1.6
3 次实测平均值 1	315.18	0.377	34.354	4.927	0.032	2.7	3.6
仿真值 2	324.559	0.358	34.740	5.190	0.028	—	—
实测值 4	330.19	0.359	34.740	5.190	0.028	1.7	0.3
实测值 5	323.35	0.357	34.740	5.190	0.028	−0.4	−0.3
实测值 6	323.35	0.357	34.740	5.190	0.028	−0.4	−0.3
3 次实测平均值 2	325.63	0.358	34.740	5.190	0.028	0.3	0
仿真值 3	344.877	0.356	34.403	5.345	0.026	—	—
实测值 7	350.03	0.357	34.403	5.345	0.026	1.5	0.3
实测值 8	339.21	0.355	34.403	5.345	0.026	−1.6	−0.3
实测值 9	348.15	0.358	34.403	5.345	0.026	0.9	0.6
3 次实测平均值 3	345.80	0.357	34.403	5.345	0.026	0.3	0.3

通过对比优化前(表 6.19)与优化后(表 6.20)的相关结果,可以看出优化后的工件表面质量与加工时间都能有一定的改善。在使用直径为 300mm 的白刚玉碟形砂轮磨削面齿轮加工过程中,当砂轮速度为 34.354m/s、展成速度为 4.927m/min、磨削深度为 0.032mm 时,磨削加工基本时间较优化前的最大优化率为 26.15%;当砂轮速度为 34.403m/s、展成速度为 5.345m/min、磨削深度为 0.026mm 时,齿面表面粗糙度较优化前的最大优化率为 34.44%。

另外,由表 6.21 优化仿真后的磨削基本时间相对误差的最大绝对值为 5%,表面粗糙度相对误差的最大绝对值为 10.4%,在误差允许范围内。

参 考 文 献

[1] 曾韬. 螺旋锥齿轮设计与加工. 哈尔滨:哈尔滨工业大学出版社,1989.

[2] 邓效忠,魏冰阳. 锥齿轮设计的新方法. 北京:科学出版社,2012.

[3] 明兴祖. 螺旋锥齿轮磨削界面力热耦合与表面性能生成机理研究. 长沙:中南大学博士学位论文,2010.

[4] 陈书涵. 螺旋锥齿轮磨削误差产生机制及修正技术研究. 长沙:中南大学博士学位论文,2009.

[5] 高钦. 碟形砂轮磨削面齿轮的齿面粗糙度研究. 株洲:湖南工业大学硕士学位论文,2016.

[6] 明兴祖,龙誉,刘金华,等. 面齿轮磨削表层金相组织的试验研究. 制造技术与机床,2016,(4):106-110.

[7] 李曼德. 碟形砂轮磨削面齿轮加工技术及齿面误差生成规律研究. 株洲:湖南工业大学硕士学位论文,2015.

[8] 明兴祖,赵磊,王伟,等. 面齿轮碟形砂轮磨削温度场有限元分析. 机械传动,2015,39(6):58-61.

[9] 明兴祖,罗旦,刘金华,等. 面齿轮磨削加工工艺参数的优化. 中国机械工程,2016,27(19):2569-2574.

[10] 张小安,明兴祖. 螺旋锥齿轮数控磨削 3D 有限元模型的构建. 湖南工业大学学报,2010,24(4):84-87.

[11] 赵磊,明兴祖,王伟,等. 基于 MATLAB 的正交面齿轮设计及可视化分析. 湖南工业大学学报,2014,28(5):38-42.

[12] 明兴祖,严宏志,陈书涵,等. 3D 力热耦合磨齿模型研究与数值分析. 机械工程学报,2008,44(5):17-24.

[13] 严宏志,明兴祖,陈书涵,等. 螺旋锥齿轮磨齿温度场研究与应用分析. 中国机械工程,2007,18(18):2147-2154.

[14] 明兴祖,严宏志,陈书涵. 螺旋锥齿轮啮合热特性分析. 农业机械学报,2007,38(11):161-167.

[15] 严宏志,明兴祖,陈书涵,等. 基于温度场的磨齿热特性研究. 制造技术与机床,2007,540(7):64-70.

[16] 明兴祖,严宏志,钟掘. 基于温度场的螺旋锥齿轮啮合热特性分析. 机械传动,2007,31(5):1-5.

[17] 肖磊,明兴祖,刘金华,等. 面齿轮磨削温度建模仿真与分析. 湖南工业大学学报,2015,29(5):34-39,87.

[18] 明兴祖,严宏志,熊显文,等. 基于力热耦合作用的磨齿残余应力研究. 中国机械工程,2008,19(9):1037-1043.

[19] 蔡颂,陈根余,周聪,等. 单脉冲激光烧蚀青铜砂轮等离子物理模型研究. 光学学报,2017,37(4):0414001.

[20] 吴吉平,明兴祖. 基于多物理场作用的螺旋锥齿轮数控磨削残余应力研究. 机械科学与技

术,2012,31(4):633-638.

[21] 周静,明兴祖.弧齿锥齿轮磨削齿面残余应力生成及影响规律研究.机械传动,2015,39(3):9-14.

[22] 肖磊.面齿轮磨削表层残余应力的研究与分析.株洲:湖南工业大学硕士学位论文,2016.

[23] 陈书涵,严宏志,明兴祖.基于多体系统理论的螺旋锥齿轮误差齿面的建立与分析.制造技术与机床,2008,8:102-106.

[24] 明兴祖,王伟,赵磊,等.基于多体系统理论面齿轮数控磨床综合误差建模及分析.机械传动,2015,39(4):32-36.

[25] Chen S H,Yan H Z,Ming X Z. Analysis and modeling of error of spiral bevel gear grinder based on multi-body system theory. Journal of Central South University of Technology,2008,15(5):706-711.

[26] 明兴祖,李曼德,赵磊,等.基于多体系统理论含误差面齿轮齿面方程的建立及分析.机械传动,2014,38(11):1-4.

[27] 陈书涵,严宏志,明兴祖,等.螺旋锥齿轮六轴五联动数控加工模型.农业机械学报,2008,39(10):198-201,139.

[28] 陈书涵,严宏志,明兴祖,等.六轴五联动螺旋锥齿轮磨床误差建模与分析.中国机械工程,2008,19(3):288-294.

[29] 严宏志,陈书涵,明兴祖,等.机床调整误差对螺旋锥齿轮齿面影响的研究.中国机械工程,2009,20(1):11-14.

[30] 陈书涵,严宏志,明兴祖.含误差螺旋锥齿轮齿面方程建立与分析.机械传动,2008,32(2):22-26.

[31] 明兴祖,李曼德,王伟,等.含误差面齿轮齿面方程的建立及误差敏感方向分析.机械传动,2015,39(5):1-5,10.

[32] 陈书涵,严宏志,明兴祖,等.螺旋锥齿轮误差齿面及差曲面的建立与分析.中国机械工程,2008,19(18):2156-2161.

[33] 陈书涵,严宏志,明兴祖,等.螺旋锥齿轮差曲面模型的建立与仿真.系统仿真学报,2009,11:3430-3433.

[34] Ming X Z,Wang W,Zhao L,et al. Error modeling analysis of face-gear NC grinding machine. The 2nd International Forum on Mechanical and Material Engineering,Zhuhai,2014:313-317.

[35] 明兴祖,严宏志,陈书涵.多轴数控磨削螺旋锥齿轮的表面粗糙度研究.中国机械工程,2009,20(20):2470-2476.

[36] 明兴祖,胡京明,刘赣华.螺旋锥齿轮数控磨削表面粗糙度的建模与分析.湖南工业大学学报,2009,23(2):37-44.

[37] 明兴祖,高钦,肖磊,等.面齿轮磨削表面粗糙度建模与实验分析.机械传动,2016,40(1):1-5.

[38] Ming X Z,Gao Q,Yan H Z,et al. Mathematical modeling and machining parameter optimization for the surface roughness of face gear grinding. The International Journal of Ad-

vanced Manufacturing Technology,2017,90:2453-2460.

[39] Ming R,Yan H Z,Ming X Z,et al. Research on NC grinding tooth surface morphology of spiral bevel gear. The International Conference on Mechanics Design,Manufacturing and Automation,Suzhou,2016:672-683.

[40] Liao C J,He Y H,Ming X Z. Effects of Al contents on carburization behavior and corrosion resistance of TiAl alloys. Journal of Materials Engineering and Performance,2015,24(10):4083-4089.

[41] Liao C J,Yang J S,He Y H,et al. Electrochemical corrosion behavior of the carburized porous TiAl alloy. Journal of Alloys and Compounds,2015,619:221-227.

[42] Ming X Z,Yan H Z,He G Q,et al. Experiment study on micro-hardness and structure of NC grinding surface layer of spiral bevel gears. The International Conference on Numbers,Intelligence,Manufacturing Technology and Machinery Automation,Wuhan,2011:560-568.

[43] Ming X Z,Li Z Q,Xiong X W,et al. Experimental research on grinding surface layer behavior and process parameter optimization of spiral bevel gears. The International Conference on Materials Science and Engineering Technology,Shanghai,2014:1707-1715.

[44] 明兴祖,李飞,张然,等. 螺旋锥齿轮磨削表层金相组织的实验研究. 中国机械工程,2014,25(2):174-179.

[45] 明兴祖,李飞,周静. 弧齿锥齿轮磨削表面烧伤建模仿真与实验验证. 机械传动,2014,38(5):15-20.

[46] Ming X Z,Yan H Z,He G Q,et al. Grinding process parameters optimization and surface performance analysis of spiral bevel gear based on the orthogonal test. The International Conference on Manufacturing Science and Engineering,Xiamen,2012:1634-1640.

[47] Li Z Q,Yang Z K,Peng Y R,et al. Prediction of chatter stability for milling process using Runge-Kutta-based complete discretization method. The International Journal of Advanced Manufacturing Technology,2016,86(1-4):943-952.

[48] Li Z Q,Liu Q,Ming X Z,et al. Cutting force prediction and analytical solution of regenerative chatter stability for helical milling operation. The International Journal of Advanced Manufacturing Technology,2014,73(1-4):433-452.